N 文庫

小老鼠会唱歌，大象会吱吱叫

Von singenden Mäusen und quietschenden Elefanten

[奥地利] 安吉拉·斯托格 / 著

邢旭 / 译

贵 州 出 版 集 团

贵州人民出版社

Von singenden Mäusen und quietschenden Elefanten by Angela Stöger

Copyright © 2021 by Christian Brandstätter Verlag, Wien

Simplified Chinese translation copyright © 2024 by United Sky (Beijing) New Media Co., Ltd.

All rights reserved.

著作权合同登记号 图字：22-2024-021 号

图书在版编目（CIP）数据

小老鼠会唱歌，大象会吱吱叫 / （奥）安吉拉·斯
托格著；邢旭译. -- 贵阳：贵州人民出版社，2024.5
（N 文库）

ISBN 978-7-221-18266-1

Ⅰ．①小… Ⅱ．①安… ②邢… Ⅲ．①动物学 Ⅳ．
①Q95

中国国家版本馆 CIP 数据核字 (2024) 第 056213 号

XIAO LAOSHU HUI CHANGGE, DAXIANG HUI ZIZI JIAO

小老鼠会唱歌，大象会吱吱叫

[奥] 安吉拉·斯托格 / 著

邢旭 / 译

选题策划　轻读文库　　　出 版 人　　朱文迅
责任编辑　刘旭芳　　　　　特约编辑　　杨子兮

出　　版　贵州出版集团　贵州人民出版社
地　　址　贵州省贵阳市观山湖区会展东路 SOHO 办公区 A 座
发　　行　轻读文化传媒（北京）有限公司
印　　刷　天津联城印刷有限公司
版　　次　2024 年 5 月第 1 版
印　　次　2024 年 5 月第 1 次印刷
开　　本　730 毫米 × 940 毫米　1/32
印　　张　6.5
字　　数　100 千字
书　　号　ISBN 978-7-221-18266-1
定　　价　35.00 元

关注轻读

客服咨询

目录

音频样本

通过扫描本书的二维码，您可以收听各种动物声音的录音。您需要打开手机相机或扫描软件，将您的设备对准二维码，并按照设备上显示的链接来完成后续操作。

Chapter
01
太吵了！

**倾听
动物声音的
魅力**

入睡前，我躺在床上静静地倾听。当我长途跋涉抵达国家公园时，开普敦这座城市的喧嚣渐渐消失了，我会躺在帐篷或小屋里倾听非洲夜晚的声音，十分享受。非洲稀树草原上的许多动物在夜间也很活跃，尤其是狮子或鬣狗这类肉食动物。而且，声音在夜间传播得格外好，附近的窸窣声与咔嗒声清晰可辨，我也变得平静起来。为了能更仔细地倾听，我躺在那里一动不动。这是哪种动物？离我多远？突然，我听到了羚羊的叫声和斑马的警示叫声。我的感官敏锐起来。鬣狗聚在一起狩猎，发出经典的"笑声"和"欢呼声"，狮子用低沉有力的咆哮声标记自己的领地，这感觉惊心动魄，近乎毛骨悚然。我自然是再也睡不着了。但在诸如此类的情境中，我重新感到自己是大自然的一部分，感到自己是巨大整体的一部分。大城市的夜里只有嘈杂的交通声，让人很快就忘记了这种感受。

我感到很荣幸，因为我可以在南非、博茨瓦纳或尼泊尔经历这些时刻。但其实我们所有人都可以在身边获得类似的体验，比如某个国家公园，或者附近的森林。散步时稍稍远离喧嚣，停止聊天，关掉手机，坐下来，停一停，开始倾听，这往往就足够了。

动物们当然注意到了我们的存在。他们逃开或呆住，以免引起注意。但当我们静静坐着，一些动物就大胆摆脱紧张的状态，重新活动起来，还互相交流。松鼠在树叶间倏忽而过，我们可能看不到，却能听到这一切，就像听到灌木中的鸟儿或树叶下的老鼠发出的声音一样。这些动物的行动恢复了正常。我们需要做的仅仅是停下来、静下来，把我们重新作为自然的一部分，至少在这短暂的此刻。

这便是研究兴趣的开始

我是一名行为与认知研究者，专攻生物声学，动物的声音自然格外吸引我。我不仅关注声音的特质与起源，也关注声音在动物共同生活中的意义和作用。动物互相交流的方式让我们深入了解其生活方式、思维能力和情感世界。

生物声学是当下新兴的学科，而我们距离理解动物真正在"说"什么，还有很长的路要走。不过，学界在这一点上达成了共识：动物"唧唧、汪汪、嘎嘎、吱吱"的声音绝非偶然。他们也不仅凭借纯粹本能的"呼—答"模式来交流。然而，他们如何沟通？又为何沟通？他们的声音传递了什么信息？他们说何种语言？是什么让声音成为一种语言？

我们首先注意到的是那些
"声音引人注目的动物"

令人惊讶的是，许多动物的所有声音，甚至是许多已经经过深入研究的鸟类和哺乳动物的所有声音，对我们而言尚是未知。迄今研究的重点都在那些更容易接近的动物，或者特别引人注目的动物。我们的知识有时局限于整个动物科或目中的某个物种，往往只详细知道一种动物的某种特殊声音。

大象声学行为研究已经持续了近40年，却还主要集中在非洲稀树草原大象上。其中大部分研究聚焦于低频声音，即"隆隆声"上，大象在其广阔的栖息地里用这种声音保持联系。然而，我们对非洲森林象和亚洲象的声音知之甚少。原因很简单：大象的体形和生活方式导致了研究的困难。与生活在刚果或印度那些茂密且人迹罕至的雨林中的同类相比，稀树草原上的大象更容易被观察到。事实上，我和我的团队直到最近才发现亚洲象是如何发出特别高频的吱吱声的，关于这一点，我将在下一章中详细说明。这种吱吱声更像是由小豚鼠，而不是由一个4吨重的厚皮动物发出来的。

生物声学高度依赖技术。我们的研究需要高度灵敏的麦克风、录音机、照相机、存储介质、高性能计算机，以及合适的分析程序。过去这些年的技术进步让我们得以处理20年前无法解决的问题。举例来说，许多动物的声音已经超过了我们人类的感知能力，更确切地说是听觉能力。借助新的技术，我们现在可以轻松记录并分析这些声音。

研究人员甚至偶尔能在社交媒体中有所收获。雪球（Snowball）是一只会跳舞的凤头鹦鹉，几年前在油管（Youtube）上人气颇高。他惊人的节奏感吸引了加州神经科学研究所的阿尼鲁德·D. 帕特尔（Aniruddh D. Patel）和约翰·R. 艾弗森（John R. Iversen）的注意。

在那之前，人们一直认为只有人类才能随着音乐的节拍起舞。然而就像其他所谓的"人类专属特长"一样，这是一个错误的想法。这只葵花凤头鹦鹉随着皇后乐队的《败者食尘》（Another One Bites the Dust）有规律地"晃动"。他不仅吸引了油管的观众，还引起了学界的注意，成了一些权威学术期刊文章里的大明星。

节奏感是声学信息处理的一种形式。听到的信息被处理并转化为运动行为，即"动作"。类似事情还发生在复述或模仿即声学模仿时。在这个过程中，听到的信息也被翻译成动作，即声学动作。鹦鹉是人类语言的杰出模仿家。他们絮叨、唱歌或怪叫——取决于他们从主人那里听到了什么。这就出现了一个问题：声学模仿和节奏感这两个特性，在多大程度上相互联系呢？

观点转换：
人类是独一无二的，
但其他动物也是如此

雪球等鹦鹉的案例说明，我们人类并不是世界上唯一能模仿声音的生物。这种能力被称为"声乐学习"，是人类语言习得的基本前提之一。然而，动物也有学习声乐的能力，这一点已经被前面提到的鹦鹉等鸣禽的例子证明了。人们目前正试图找出有哪些哺乳动物能完成此类学习，或者说哪些动物的学习结果更好，哪些学得稍差一些。

虎鲸就有家庭之间的"方言"，幼鲸通过模仿来学习。座头鲸的歌声会根据季节变化，并能不断传播。有一头亚洲象能用韩语"说"一些单词（这部分内容将在第六章详细展开）。还有一只叫胡佛的海豹[见p.67图片]，他能模仿说出单个英语单词。毫无疑问，模仿人类语言在动物界属于"高级技能"。但如今人们推测，能以不同形式学习声音的动物，可能远比想象中多。

2012年，美国达勒姆的杜克大学的研究员惊讶地发现，老鼠具有模仿、快速处理并回应声学信息的神经元先决条件。他们是否真正地发挥了这种能力，以及如何发挥这种能力，尚待更深入的研究。但已有证据表明，雄性老鼠向雌性老鼠求爱时，会用超声波发出人类听不到的歌声，而且这似乎是从其他歌唱的老鼠那里学来的。雄性褐鼷鼠甚至会与其他雄性同类开展一段类似人类对话的"歌唱对决"，而且他们总是让对手唱完，发展出了一种井然有序的"谈话文化"。

生物声学研究中这些迷人的发现也改变了我们的观念。人类的语言当然特殊，其性质和复杂程度独一无二。但研究越深入，我们就越能认识到，人类在语言习得方面与动物共享许多基本的先决条件，其中甚至包括老鼠和大象这类从进化生物学角度来看与人类相去甚远的物种。

语言的进化是我们这个时代最重大的科学问题之一。人类是如何以及为何将语言发展成为最终的交流手段的？在解剖学、神经进程和神经连接等方面，语言的进化需要做出哪些变化和调整？

语言的起源就是人类学会用语言表达自己的时间，这一时间是无法确定的。我们也无法通过研究声带或喉软骨的化石来寻找语言发展的线索，因为这类软组织并没有以化石的形态留传下来。但我们知道，说话是一种认知上的最高成就，我们处理并理解听到的内容，思考如何回应并将其表达出来——所有这一切都是在非常短的时间内完成的。

为了进一步了解语言的起源，我们将生物声学和生物语言学联系在一起，采用一种涵盖这两个学科的研究方法。根据语言学家诺姆·乔姆斯基（Noam

Chomsky）的前期研究，语言被定义为生物的一种生物学特征。

　　现在的基本问题是：语言的哪些方面是人类特有的？哪些特征在动物身上也存在？生活在类似人类社会结构中的动物（比如鲸或大象）是否也受到了类似的淘汰压力，从而产生了高度发达的交流方式？我们可以通过实证研究这些相似或不同之处，从而真正了解人类语言的演变。

海洋中的噪声：
声音在水中的传播速度更快

　　鲸和海豚对我来说一直有一种特殊的吸引力。我像许多小孩一样喜欢动物，但我从小就对海洋哺乳动物情有独钟。这些巨型动物在水中游动的优雅姿态，对海洋栖息地、对水中和水下生活的独特适应能力，当然还有他们的沟通方式，都令我着迷。我觉得鲸的声音听起来很特别。座头鲸优美的歌声非常清晰、和谐。10岁时，我已经将所有鲸的学名烂熟于心，比如虎鲸叫 *Orcinus orca*，座头鲸叫 *Megaptera novaeangliae*，抹香鲸叫 *Physeter macrocephalus*。

试听

座头鲸拉长的声音产生了一种在人耳听来也非常迷人的旋律。

　　1996年我上大学开始研究相关课题时，海洋噪声的问题已经十分突出。人们渐渐意识到船舶噪声、能发出高达230分贝声音的军用声呐、深海捕鱼时用炸药炸晕鱼群、用压缩空气枪探测海底石油资源等干扰带来的后果。这些声音是如何影响海洋中的哺乳动物的？

　　我们现在知道，噪声会对鲸的听力造成永久性的损伤。与鱼类不同，哺乳动物内耳的毛细胞不能再生或复制，一旦死亡便无法替换，而这些细胞对感知至关重要。噪声还会影响鲸这种深海巨兽的定位功能，加剧他们的搁浅问题。

　　噪声在水下极易传播，因为声音在海洋中的传播速度比在陆地上更快，范围也更广（传播介质密度越大，声速就越高）。当时还是大学生的我，觉得这种噪声对鲸在海洋中生活和交流的影响既危险又迷人，于是我决定专注生物声学领域的研究。

10

"声音"之外的
发声魅力

大学期间，我了解了各种动物的交流方式，我意识到大自然的创造力是无穷无尽的。动物交流的精巧机制和多样性让我印象深刻，即使是昆虫，他们身上也有高度发达的发声器。

几乎没有一种声音能像蟋蟀的"歌声"那样（有时穿透力太强，有些恼人），给春天城郊的背景音留下如此深刻的烙印。就像典型的剑尾亚目昆虫那样，雄性蟋蟀会摩擦其具有特殊构造的前翅。右翅音锉摩擦左翅刮器，发出典型的鸣叫声，这个过程被称为"摩擦发声"。蟋蟀甚至有多种歌唱形式：有吸引、追求雌性的歌唱，也有雄性之间相互竞争的歌唱。顺便说一句，蟋蟀可以用脚听到声音，因为他们的听觉器官在前腿上。

还有一种发出的声音大得惊人的动物，那就是硬骨鱼。我的博士生导师克拉托赫维尔（Kratochvil）教授专门研究硬骨鱼，所以我特别了解他们。鱼类没有声带，但能在鱼鳔的帮助下用各具特色的发声肌发声。比如东南亚地区的条纹短攀鲈[见p.69图片]能通过肌肉组织、胸鳍的鳍条以及相关的肌腱来发声。在交配季节，雄性短攀鲈会在保卫领地、对抗竞争对手时发出格外响亮的咕嘟声。

无论是直齿目昆虫、马鹿还是大象，保卫领地，通过叫声彰显自己的强壮、健康、适于战斗以威胁对手，以及吸引伴侣这些声学行为，几乎存在于所有动物群体中。占据强势地位的马鹿在发情时发出有力的嘶鸣，重达 6 吨的雄性大象在所谓的"迷狂期"（与发情期类似，由睾酮升高引起，是一种更高程度的备战或准备交配的状态）发出有规律的轰鸣声：这些声音会吸引雌性的注意，并能警告竞争对手。在哺乳动物中，通常声音越低沉的雄性越有吸引力。这一点也适用于人类：宾夕法尼亚州立大学的研究员已经证明，声音低沉的男性也会吸引女性，并会对其他男性产生威慑效果。

被听到——或一个生物是如何被环境包围的

动物的体形、激素或情绪状态都影响着声音的特质和大小，也会影响听者。为了真正理解一个物种的交流系统，我需要在研究中考虑到方方面面的细节。我还得研究发声结构和相应器官的解剖学构造及运作机制，研究所有可能影响声音结构的内在因素，如年龄、性别，激素或情绪状态，以及动物用于调整声音的某些认知能力。频谱分析可以用于研究频率的谱系，让我得以找出声音的声学构造中隐藏了哪些关于动物和发声个体的信息。声音一旦离开兽嘴、鸟喙或人口，就会立刻被环境改变，随距离的增加而减弱。声音的反射或吸收等物理机制会影响声音，大气、气候条件与生存空间本身（所谓的栖息地）一样会影响声音。在稀树草原上，声音的传递与在茂密的雨林中完全不同。

当所有这些变化的声音被同种动物感受到时，会发生什么呢？答案似乎很简单：动物必须听到声音，处理信息，然后做出反应。通信总是需要一个发送方，并至少有一个接收方，它是两个生物之间的互动，每个生物都影响着另一个生物的行为。但是接收方会有什么反应呢？这种反应是交流中一个非常重要的方面，因为它会被反馈给发送方。比如一个雄性的求偶声特别有吸引力，显示出雄性的高大和强壮，而另一个雄性的求偶声则有些虚弱，说白了就是不那么"性感"，那么雌性就更倾心于前者。声音的产生是非常消耗能量的。雄性在交配季节持续不断发出叫声，而只有最强大的雄性才能保持声音的音量和力度。从进化的角度来看，这种能力对发送者的意义重大。上述例子中，雄性动物优势个体的性状比劣势个体的性状更容易被传承下去。

作为一名生物声学家，我并不只是坐在森林里、稀树草原上、池塘边或地洞前，拿着麦克风，或耐心或焦躁地等待动物发声，我还在实验室和野外使用不同的研究方法开展工作。我研究发声器官的解剖学和形态学特质，收集粪便样本做激素分析，花大量时间用电脑分析声音结构，潜心实验以验证假设。

我也致力于研究动物聆听的能力。例如，为了证明在放松状态下进食的大象注意到了有趣的声音，需要观察到大象停止进食，并微微张开耳朵。只有通过这种观察，我才能真正确定动物是否感受到了声音。如果我们想了解哪些噪声会干扰哪些动物，最需要了解的便是动物是如何聆听的、听到了什么，以及他们的听觉在哪些频率范围内特别敏感。毕竟，无论是在陆地上还是在水中，人类产生的噪声污染都是普遍存在的环境问题之一。

没有边界的声响
会造成压力

噪声不会停止于国家公园的边界，即便有隔音墙也无济于事。隔音墙反而会阻碍许多动物生存必需的跨界流动。人为噪声的某些频率，尤其是低频部分声波的传播范围很广，交通噪声就是一例。风力发电厂还会产生次声波。这些声音对人类来说频率太低，无法被感知到；而哪些动物会感受到这种低频噪声、他们的生活是否会被影响，我们还不得而知。

动物自然会习惯噪声，人类也是如此。如果音量大到足以造成损害或干扰，动物们就会适当调整自己的行动，或者迁徙离开。但即便只是"吵闹"的人类穿过森林，也会对动物造成很大的伤害，给他们带来压力。尤其是在冬天，动物在这种时候必须妥善管理自己的能量储备，也有些处于冬眠状态。

感受大象唐波
与技术

如今不断发展的技术设备帮助我们测量这种影响。麦克风变得更加便捷，计算机的性能越来越强大。我们对大象做了很多研究，他们在次生范围内能发出的最低频率低于20赫兹，人类无法感知这种低频的声音。大象的隆隆声里也有我们能听到的部分，不过只有当人们离大象很近的时候才能注意到，因为这些较高频率的部分在声音传播过程中衰减的速度相对较快。但如果我站在一头发出隆隆声的大象身旁，我甚至能够感受到低频的部分。当然，我还是听不到这种声音，但我能通过身体感受到这种震动。

2014年，我在南非收获了这种特殊的体验。在人工饲养的象群中，有一头34岁的雄性大象，肩高3.4米，重约6吨。这头名叫唐波（Tembo）的大象身体强健，曾是一只"问题动物"：喜欢吃甜菜和橙子的他经常从国家公园逃走，烦扰农民。为了避免他被射杀，人们开始训练他。如今，唐波成了呼吁人们关注野生动物与人类共存问题的形象大使。

来南非之前，我已经和大象打了几年交道，当时我在现场负责录音。当我和唐波的饲养员以及共事多年的同事安东·鲍蒂奇（Anton Baotic）在现场讨论这个项目时 [见 p.71 图片]，唐波决定近距离观察我们。他来找我们是因为他认出了自己的饲养员。唐波在我们面前约一米处停了下来，如此近距离、没有阻隔地待在这头美丽的大象身边，这种感觉令人印象深刻。饲养员拍了拍唐波的腿表示欢迎，唐波张开嘴，用响亮的隆隆声回答。我能听到这个声音，因为我们靠得很近；但最重要的是，我感受到了这个声音。人们在大象发声时触摸大象，就会感觉到他的全身都在震动，低频的声音穿过他们的身体，传递到人们的身体中。

正是这样的经历让我一次又一次惊叹于声音世界的魅力，始终为此着迷。生物声学用一种独特的方式，向我展示出人类感知的局限。

听不见的人
一定想听见

即便不和一头重达数吨的雄象面对面接触，我们也必须不断提醒自己，我们人类的感知范围远不能涵盖所有事物。我们平时很难意识到这一点，在日常生活中把它抛在脑后。有时我会带着超声波麦克风走进兔舍，看看里面有多少老鼠。当然，我偶尔会看到一只老鼠在我面前溜走，但我听不到他们的声音。然而就在这个过程中，老鼠们相互交流，发出吱吱的叫声，也许雄性老鼠还会向雌性老鼠唱一首求爱的歌曲。但这一切对我来说都是隐秘的，因为我无法感知它们，至少在声学上不行。

一方面，我们人类的生理构造导致我们听不到某些声音，物理条件限制了我们的感知。另一方面，当我们静静坐在树林里，却听不到某些声音，是因为我们没有意识到它们，或者说我们没有给予其足够的关注。如果我们仔细听，明白交流和互动随时随地都在发生，而智力和意识是实现这一点的先决条件，我们还能否认许多动物具有这些特性吗？

灵长类动物会在出现特定天敌时互相提醒。惊慌失措的猪发出的声音与惊慌失措的人类发出的声音具有相同的声学特征。母牛与小牛被迫分开时会拼命喊叫，有时一叫就是几个小时。我认为，人们越了解动物的生活，就越能意识到，也许我们不应该在这个世界上为所欲为。

我们之所以能更深入、更全面地了解动物，不仅是因为技术的发展，还取决于我们对待动物的态度和倾听他们的意愿。在本书中，我们会探讨如何聆听动物，以及这种聆听能为我们打开什么样的世界之门。

Chapter
02
如此相似，
如此陌生
(上)

宽广声谱
内的
多样频宽

阿多大象国家公园位于南非伊丽莎白港附近，雄性大象主要栖息于这个公园的南部地区。有一次，在公园工作了一整天，我走在回家路上。我特别喜欢这条名为"恩古鲁贝环形路"的路线，路上有一种十分独特的茂密植被——一种名叫"树马齿苋"的多肉植物，备受大象喜爱。这条路线横穿一处宽阔的山谷，羚羊在茂密的草地上吃草，最后一段路上能远远看到阿尔戈阿湾的浅色沙丘，那是阿多国家公园的海洋保护区。这条路线的中间是一个美丽的水洼，各种稀树草原动物都会来这里喝水。我去的那天，来了一群大象。

水洼旁

我站在远处观察动物。万籁俱寂，除了一只约一岁半的小雄象。他盯上了一头疣猪：尽管这空间足够他俩一起喝水，但在小象看来，没什么比把疣猪从岸边赶走更好的事情了。他张开耳朵，让自己显得更高大，跑到疣猪面前，朝他甩鼻子，想把他吓跑。

疣猪也没有让步，在接下来的15分钟里，他一直尝试去水边。显然在炎热的一天结束后，他真的很渴。直到小象真的把水吸进鼻子，喷到疣猪身上，疣猪才离开——好一幅动画片里的田园景象。

鼻子是大象都会使用的抓取工具，但小象学会使用它之前需要一些练习。象鼻肌肉必须先被利用起来。就像婴幼儿学习抓握一样，小象必须学会协调脸上的这个附属物，先是在游戏中使用它，然后在生活中使用它。在很小的时候，他们可能会花上几分钟的时间，用鼻子抓住一根胡萝卜，或者拔掉一簇草；成年后，他们就能用鼻子顶端捡起硬币或花生，或者吸起难以抓住的食物。

象鼻的演化在大象系统发育的早期就开始了，似乎与身高的增加、颈部的缩短以及颅骨相对较高的位置有关。象鼻最初可能是为了弥补头和地面之间的距离而发展出来的。

我非常想拥有一只象鼻子，哪怕只有一天也好，我很想体验一下这个多功能的器官所能做的一切。我们人类虽然有和象鼻肌肉功能类似的舌头，但象鼻（上唇和鼻子的结合体）这个器官非常特殊。据估计，象鼻中约有4万块肌肉，呈螺旋状，沿着象鼻绕成一束，形成一种稳定的结构，让大幅度运动成为可能。相比之下，整个人体只有大约650块肌肉。

象鼻不仅在解剖学上很特别，在功能上也堪称"超级器官"。从目前的研究来看，大象拥有动物界最优秀的嗅觉器官，象鼻比任何搜寻犬的鼻子都要灵敏。大象用鼻子感受远近的气味，用它喝水或自卫。感到困倦或眼里进沙时，大象还会用鼻子揉眼睛。这是一种能接收多种刺激的奇妙感觉器官。

象鼻也是一个强大的抓取臂，可以瞬间举起树枝。象鼻还可以细腻地触摸。大象妈妈会用鼻子轻轻"引导"孩子，用鼻子抚摸他们。大象睡觉或打招呼时会用鼻子拥抱对方，这不仅是一种触觉信号：他们还会收集同伴的气味和激素，比如兴奋状态下颞腺的分泌物。

当然，象鼻也可以用来发声。尽管从进化的角度看，这可能不是它的主要功能，但它非常适合发声。

喉部和其他工具：
哺乳动物是如何发声的

大象的声音自然让人们首先联想到号角声。不仅是大象，许多动物都倾向于使用器官（无论是感觉器官还是四肢）原本功能之外的功能。从进化的角度来看，充分发掘器官的各种潜能是非常有意义的。

大象的鼻子拥有得天独厚的优势：象鼻肌肉提供了一个巨大的共鸣腔，非常适合发出强烈、深沉的声音。身体的共鸣腔是声音的扬声器。声带产生的声音首先在这些空腔里形成人们最终感知到的音量和音色。在身体的口腔、鼻腔、喉咙和躯干这些部位，声音可以像在乐器腔体或教堂拱顶中一样带来空气的振动。

大象典型的喇叭声是从鼻子里出来的，但它也起源于此吗？让我们追随这种声音进入象鼻、鼻腔和声道，直抵喉部。几乎所有哺乳动物都是通过喉部的声带发出声音的。

让我们看看人类发声的过程：人类也用喉咙发声。我们说话或唱歌时，位于喉咙内的声带振动。当空气从肺部流出并通过喉咙时，气流会引起声带振动。这一过程不需要刺激神经细胞，也不需要肌肉的参与。

声带振动的频率，即声带在一秒内来回摆动的频率，决定了我们声音的高低，气流的强度则决定了音量的大小。声道中的共振空间与舌头、牙齿、脸颊和嘴唇等结构进一步塑造了声音。猫的喵喵声、牛的哞哞声，以及人类语言就是这样产生的。

声音频谱中的某些部分被共振放大，另一些部分则被削弱，甚至被抹去。声谱中那些被放大并因此更好地被感知的部分被称为"共振峰"。共振峰是人类重要的信息载体，在动物王国中也是如此。请试着说出元音字母"a、e、i、o、u"，并在镜子里观察你嘴唇的动作。注意舌头和下巴的位置变化。当你发出"u"这个音的时候，你的嘴唇会向前收紧。这种发音运动让口腔空间发生变化，共振被改变，频率被放大。我们以此改变声音。

所有陆地哺乳动物都有喉咙和声带作为主要的发声器官，他们的许多声音（虽然不是所有声音）是用喉咙发出的。大象也是如此。隆隆声听起来有点儿像远处的雷声，可能这就是为什么英语里用"rumble"（隆隆声）来形容象鸣。这些声音中最低的频率约为10赫兹，远低于人类的听觉阈值。人类的听觉范围在20到2万赫兹之间。低于20赫兹的声音被称为次声波；高于2万赫兹的声音被称为超声波，蝙蝠和老鼠的发声频率就在这个范围内。

 ◀)) 试听

英语里的"隆隆声"（rumble）源自德语单词"grollen"，意思是发出隆隆声。这份录音解释了其中的原因。

　　大象体形庞大，发声器官喉部当然也明显比我们人类的喉部大。人类的声带有2厘米长，成年母象的声带约有10厘米，一头体形大得多的雄象则有15厘米长的声带。这些声带的体积非常大，在发声时因肺部涌出的气流而振动。但它们的长度使其振动的频率比短声带慢很多，隆隆声中低沉的主音就是这样产生的——缓慢振动产生的声音比快速振动产生的声音频率更低。但抛开声带的长度和发声器的大小不谈，大象发出这些次声的方式其实和我们人类说话、唱歌的方式是一样的。

喉咙实验室：
追踪大象的声音

2012 年，我们做了一项特别的实验：我们在柏林动物园的一头母象死亡后摘除了她的喉咙，送到奥地利维也纳大学行为与认知生物学研究所所长特库姆塞·费茨（Tecumseh Fitch）教授的喉咙实验室。这个实验室可以研究声音是如何产生的。人们可以直接用传感器观测人类说话或唱歌，却很难在动物身上实现这一点。

因此，我们用模型来模拟肺的功能，让湿润的空气以精准计算过的压力穿过前面提到的准备好的大象喉咙。高速摄像机和麦克风记录了声带的振动和发出的声音。借助从声带区域获得电脉冲的电声门图，我们可以精准地分析声带振动的方式，研究它们如何相互碰撞、是否对称振动。

大象发出隆隆声的方式和我们人类说话唱歌的方式是一样的！这是一个开创性的发现，我们在最负盛名的科学期刊《科学》上发表了这一成果。此前，人们一直猜测大象体内是否有一种特殊的机制来产生这种声音，而我们证明了大象的隆隆声"没有什么特别的"，大象的声带受到气流的振动而发出这种声音。

但大象的号角声至今仍是一个未解之谜：这种动物产生300～500赫兹频率的方式仍是未知的。当然，他们的鼻子发挥了重要的作用，但声音的起源还不得而知：难道大象的声带比我们想象的还要紧绷，因而可以产生更高的频率？还是说，他们身上有别的有助于发声的结构？

意想不到的声音（一）：
吱吱叫的大象

我们对许多声音的起源都知之甚少。象鼻长长的肌肉管有无数种收缩、扩张、闭合的方式，它也能使某个结构或组织振动，从而发出声音。从理论上来说，象鼻能够发出各种各样的声音。大象的叫声每次听起来都不一样，这取决于大象向前还是向下伸鼻子，也取决于大象是否在运动。此外，大象的体形和鼻子的大小也很重要，200千克重的小象和6吨重的成年象发出的叫声自然是不一样的。

截至目前，我们的研究已经证明，亚洲象的号角声有个体差异。另一方面，我们可以证明，单个个体每次发出的号角声也是不同的。我们还发现，大象能发明全新的声音，就像我们吹口哨或哼歌一样。他们有时会扭动、收缩或旋转自己的鼻子，鼻子排气时发出的声音听起来就像手风琴奏出的旋律。这样产

Chapter 02 如此相似，如此陌生（上）

生的各种声音并非用于交流，而是另有他用。大象常在无所事事时这样做，比如等待其他群体成员时。用声音取乐是大象的特殊之处，使其与别的动物区别开来。

我常常听到一些非常有趣的声音，这些声音并不属于大象之间的常规声学交流，比如非常高频的吱吱声。三头非洲象（有两头在博茨瓦纳，另一头在德国的动物园里）各自独立地开发出了一种相似的发声方法：他们堵住一个鼻孔，用另一个鼻孔吸气，从而发出频率高达1800赫兹的吱吱声，对于一只重达数吨的动物来说，这已经是相当高的声音了。相比之下，幼儿的音调在440赫兹左右，豚鼠最高频率的叫声为1500赫兹。

没人想过大象居然能吱吱叫。有些大象，主要是非洲大象，会发明或模仿这些声音；还有一些大象生来就能发出这种声音：亚洲象会用600～2000赫兹的吱吱声表达压力或攻击意图。这些动物显然不是用巨大的声带发出这些高频声音的。

)) 试听

直到最近，安吉拉·斯托格的团队才能说明一些大象发出这种高频吱吱声的方式。

直到最近，我们才能够证明这些声音是如何产生的。大象紧绷嘴唇压缩空气，振动发声。这种技巧类似"唇振"：小号演奏者借此技巧发声，乐器再将其放大。这种发声技巧在动物界独一无二。

🔊 试听

美泉宫动物园的大象孟古能发出一种咔嗒作响的声音。

有的大象压缩空气穿过口腔，进而发出咔嗒作响的声音。有视频显示，美国的一头亚洲象能发出船舶号角一样的声音。每当他在围栏里等待看护人员训练时，就会发出这种特殊的声音。我的研究表明，他从前生活在海岸附近的动物园里，所以可能对这种声音很熟悉。事后追溯起来，我们往往很难搞清楚这些特殊的声音是对某种声音或其他动物的模仿，还是动物自己独创的。

这种创造力在人工饲养的动物身上格外明显。野生动物也可能具备这种特点，但很难被记录下来，或者引起人们的注意。如今，人们让动物园或其他大象饲养机构中的大象忙碌起来，让他们生活在家庭关系或社会团体中。然而他们依旧有充足的空闲时间，很少有觅食压力。这些聪明的动物难免会觉得无聊。在这种情况下，大象有时会发挥创造力，探索自己的声音，就像小孩子一样。

不过，这种现象与动物园饲养不善情况下的刻板行为等行为障碍明显不同，后者是对某种行为的单一重复，比如鸟类的"点头"或大象的"摇晃"。大象在出现行为障碍时会做出迈步的样子，摆动身体，摇晃鼻子或整个头部。但在我们观察到的发声现象中，大象明显是在进行创造性活动，声音变化多样，不会单调重复。

大象的吱吱声是一个很好的例子，可以说明动物是如何利用声带以外的结构发出声音，进而主动扩大声谱的。动物以此拓展发声的频率范围，这在某些情况下非常有用。

意想不到的声音（二）：
进化论教考拉如何低吼

考拉这种来自澳大利亚的小"熊"实际上是一种有袋类动物，他们一天中大部分时间都在睡觉。但雄性考拉准备交配时，会发出令人印象深刻的发情声。这是一种大约30赫兹的低吼，那声音在桉树林里听起来就像是一只巨大的动物在移动一样。但考拉是一种小型动物，既没有巨大的喉咙，也没有特殊的声带可以发出如此低沉的吼叫。那么这种声音是如何产生的呢？

萨塞克斯大学的本·查尔顿（Ben Charlton）和大卫·雷比（David Reby）揭开了考拉的秘密。考拉口腔深处柔软的软腭声襞非常长（顺便一提，人类的软腭声襞在打鼾时也会振动）。考拉在吸气时会发出叫声，此时喉头下降，软腭的两个声襞收紧，气流让它们像声带一样振动，从而产生深沉的音调。因此，考拉有两个发声器官：喉头和软腭。

 试听
只有在交配季节，考拉才会用这种令人印象深刻的方式吼叫，平时他们每天都在睡大觉。

对考拉夫妇而言，这种声音非常重要：一方面，低沉的声音能够传播到更远的地方，有助于他们在灌木丛中找到彼此。另一方面，声音可能关乎生殖方面的自然选择。低沉的声音可能意味着更大、更强壮的身体，声音深沉的雄性动物往往拥有更多的雄性激素。因此，雄性考拉的叫声越低沉有力，对雌性考拉就越有吸引力。

许多动物因此会扩大自己的声音范围，探索发出比他们声带所能发出的更高亢或更低沉的声调，无论是吱吱叫的大象，还是低吼的考拉。即使是与人类生活在一起的动物，也常常通过额外的发声机制发出声音。

意想不到的声音（三）：
狗和猫通过奖励学习

例如，猫的呼噜声不是由肺部气流引起声带振动产生的，而是由非常特殊的神经冲动触发的。猫的声带很短，发不出相对低沉的呼噜声。

这种呼噜声的频率为20～30赫兹，几乎和大象的隆隆声一样低沉。与喵喵声不同，猫通过肌肉收缩引发声带振动发出呼噜声，这也解释了为何呼噜声与猫咪呼气、吸气的动作无关。猫的大脑中似乎有一个"节奏发生器"，能够有规律地产生神经冲动。不过，目前人们对猫咪呼噜声的研究还是少得惊人。

🔊 **试听**

猫的体形虽然很小，但他们的呼噜声与大象一样深沉。

现在只有一种关于猫咪呼噜声的理论假设：一方面，小猫出生几天后就会在喝奶时与猫妈妈一起发出呼噜声，这可能是为了让彼此安心；另一方面，猫在我们腿上蹭来蹭去、被抚摸以及乞食时，也会发出呼噜声。研究人员认为，猫在疼痛时也会发出呼噜声，有人怀疑这种振动可能对再生和自愈有积极影响。养猫的人说，他们的猫会在他们不舒服的时候陪在他们身边，或是躺在他们身上，并发出呼噜声。但这也许是个错误的结论，猫可能只是趁着人类终于安静下来的时候，舒服地躺在那里罢了。

猫是非常敏感的动物，他们非常关注人类的反应，包括人类在他们发出呼噜声或喵喵叫时的反应。由此可见，动物并不是只能解读同类的行为。尤其是那些和人类朝夕相处的动物，他们不仅善于解读人类的行为，还能以此获得好处。

我从我家的博美犬露娜[见p.73图片]那里发现了这一点。她可以发出一种特殊的小声吠叫。当我注意力不在她身上，或者她有什么想要的东西时，就会发出这样的声音。她可能想要狗粮，也可能想说"陪我玩"。我显然每次都积极回应了这种叫声——是我的错，但这种叫声实在是太可爱了。亚洲象和露娜一样拥有这一技巧，发出吱吱的叫声（通常情况下是在非常兴奋的时候产生的）向动物园的游客乞食。在自然语境之外使用声音是一种非凡的认知能力，一种以应用为导向的"用法学习"（usage learning）。

意想不到的声音（四）：这是猎豹还是鸟？

动物抓住各种机会制造声音来满足自身需要，所以确定他们的完整音域并不是一件轻而易举的事情。我们对许多动物都还知之甚少，猎豹就是一个例子，

Chapter 02 如此相似，如此陌生（上）

他们的声音范围非常广泛。他们能发出典型的猫叫声，比如呼噜声或喵喵声，但也会发出令人意想不到的声音。

◄)) 试听

这并不是鸟鸣，而是猎豹的声音。他是想用这种方法伪装自己吗？

猎豹是陆地上速度最快的哺乳动物，在社会结构上与其他猫科动物不同：猞猁或美洲虎总是独来独往，狮子是群居动物，而猎豹却不会定居在某地。雌性猎豹总是独来独往，除非她们有了幼崽。雄性猎豹则通常和一起出生的兄弟在大约14个月大的时候离开母亲，结成联盟，通过合作来提高狩猎、保卫领地的成功概率。采用深沉的呼叫声在猎豹母亲和幼崽之间，或在雄性猎豹联盟内部建立联系是合理的，因为这种呼声适用于大草原的遥远距离。但事实并非如此——猎豹间沟通的叫声，或称"啁啾"声，是猎豹声音中最高的音调，与鸟类的鸣叫非常相似。我们想知道，猎豹为何这样叫？为什么动物在开阔的地形不采用更低沉的声音？如果播放猎豹的鸣叫声，几乎没人能把它和鸟鸣声区分开来，鸟儿自己甚至也分不清。

在南非西开普省的一个私人野生动物保护区旅行时，我们观察并测算这些高音调的叫声在多远的距离仍能被察觉。我们驻扎在一棵树下，回放刚刚记录下来的猎豹叫声。每个音frequency序列中的呼声之间有几秒钟的间隔。我们仔细听着，突然注意到了一个声音，发现树上有只鸟在干扰我们的实验。这只小鸟总是精准地在猎豹呼声的间隔中发出短促的叫声，就像他想和这只新来的"鸟"交流一样。我们对此印象深刻，同时也很激动。

人们一直认为这种行为可能是一种声学模仿，动物以此将自己隐藏在环境声中。因为猎豹有许多敌人，尤其是狮子和鬣狗。狮子一有机会就会杀死猎豹，尤其是猎豹幼崽，但狮子从不吃猎豹。

这其中的原因尚不明确。不太可能是因为狩猎竞争：对猎豹来说，从老鼠到小羚羊等各种动物都是他的食物；狮子则更喜欢吃水牛。猎豹幼崽的死亡率非常高，其中约70%是狮子造成的。

因此，为了避免引起敌人的注意而伪装自己至关重要。同样重要的是，猎豹母亲要在狩猎结束后找到被她留在藏身之处的幼崽。也许在不断进化的过程中，猎豹发现尽可能不引起注意地发出叫声更为明智。狮子可能很难区分猎豹的啁啾声和稀树草原上无处不在的鸟鸣声。

猎豹目前是高度濒危物种，非洲大草原栖息地的丧失以及人类同野生动物之间的冲突是个中原因。在动物园中饲养猎豹并使其繁衍都是很困难的事情。

20年前，我在美泉宫动物园第一次接触猎豹，当时我还是个大学生。在一次猎豹交配过程中，我记录下了雄性猎豹吸引雌性猎豹并向其求爱的叫声。现在我和我的团队一起，开始通过深入了解雄性猎豹和他们的叫声，研究猎豹的交流方式及行为方式。

Chapter 03
设身处地地思考

如何成功地转换视角

当时是凌晨，我走近猎豹的围栏时，已经能听到雄性猎豹的叫声了。动物园还没开门。顺便提一下，动物园的清晨对研究人员来说最为珍贵，因为他们可以在没有游客互动的情况下观察动物，这也是在动物园录音的最佳时间。2001年，我在维也纳美泉宫动物园园长哈拉尔德·施瓦默（Harald Schwammer）手下担任助理研究员，研究猎豹的交配行为。一头雄性猎豹在围栏中兴奋地跑来跑去、嗅来嗅去，做标记，有规律地发出声音。猎豹用尿液做标记，他们主要在稍高的地方留下标记。此外，猎豹在地上摩擦后腿，留下明显的痕迹。前一天晚上显然有雌性猎豹在这片区域留下了很多气味。这只雄性猎豹的反应表明，他已经准备好交配了。

神秘的猎豹

美泉宫动物园繁育猎豹 [见 p.75 图片] 一直很成功，这次也是如此，但在动物园里饲养猎豹很困难。直到今天，人们还没有完全搞懂猎豹的繁殖行为，他们给我们带来了一些谜团。猎豹不是典型的猫科动物：他们不能收缩爪子，因为他们冲刺时要用爪子抓住地面；他们不会咆哮，但会发出呼噜声；他们在白天活动，不擅长攀爬。即便在野外，猎豹的日子也不好过。没有人喜欢他们：农民猎杀他们，尽管他们实际上并不怎么偷鸡；狮子也是他们的敌人。

幼年猎豹的颈部长着鬃毛，看起来很像具有攻击性的蜜獾，这可以让大多数稀树草原动物避之不及。蜜獾甚至能对抗狮子和豹类，还能躲开毒蛇的攻击，被视为世界上最勇敢无畏的动物。如果小猎豹长得有点儿像蜜獾，对于生存来说是件好事。

贝氏拟态指的就是这种生物学上的欺骗手段，以1862年首次描述它的亨利·沃尔特·贝茨（Henry Walter Bates）命名，指一种无害的物种模仿一种具有抵抗能力或不可食用的物种的行为来躲避天敌。由于猎豹在他们的栖息地有着不同的竞争对手，他们已经发展出了很好的适应策略，比如伪装成蜜獾或用鸟类的声音交流，后者我们在上一章中已经提到。

作为一名新人研究员，我清楚地知道，我想了解更多关于猎豹的信息，以便弄清楚其行为的所有特性。

人们如何听到
动物的声音

我第一次观察猎豹时就问过自己一个问题，如今积累了20年经验，我再次认真地问自己：作为一名行为学家，我该如何接近一个新的动物物种？我如何"解读"他们、理解他们？我认为，动物园的游客、宠物主人、旅行者和猎人都会觉得这些问题很有意思。许多人都喜欢观察动物，却不知道该从哪些方面入手，不知道哪些注意事项能让他们更好地了解动物的行为方式。

作为一名科学家，我在一个新机构（不管它是动物园、收容站还是饲养站）开展项目时，会首先和动物饲养员、管理人员、向导或护林员详细沟通。饲养员知识储备丰富。如果某人20年来都在照顾大型猫科动物，在空闲时间外都与他们待在一起，那么他肯定对猎豹很熟悉，尤其是他负责照顾的那些，因为每种动物都有自己的个性。饲养员给动物喂食、打扫围栏（从动物的排泄物中也能学到很多东西）、留意动物的健康状况。他们凭直觉与动物打交道。他们可能听出声音间的细微差别，而我一开始根本察觉不到这一点。

下述七个步骤能够帮助我了解某一特定物种或个体。

(第 一 步) 尽 可 能 不 带 偏 见 地 观 察

观察动物是一个过程。即使不带着科研的视角，花时间和动物待在一起也是重要的。我坐下来观察动物就只是出于兴趣和快乐。最好的情况下，行为生物学的每个研究项目都是从所谓的"随意采样"（Ad-libitum-Sampling）开始的：让印象做主，不做任何系统的记录，而是做更主观一些的笔记。在这个过程中，我熟悉了这些动物，感受他们的气味和声音。我试着从整体把握动物，感受他们的动作和姿态，他们的移动和互动方式。

当然，作为行为生物学家的我无法做到这一点。动物做了什么动作？运动过程如何？他是怎么躺下的？威胁的手势是什么样的？游戏请求又是什么样的？动物的昼夜节律是什么？我一旦试着解读这些现象，就会采取下一步行动，开始深入研究文献。

第二步 查阅"行为举止目录"

现在该做案头工作了，到了要在科学期刊上堆积如山的文章里挖掘的时候。大多数情况下，你发现的现象已经被很多人描述过了，即使是详细的行为描述，即所谓的"行为谱"，一般也都有现成的了。人们可以在此基础上开展自己的研究。

行为谱是一种用来描述动物行为的目录，通常配有图片或插画。然而，它并不是一本漂亮的动物百科全书，只是尽可能清楚地以图片和文字的形式盘点动物的行为方式。举例来说，行为谱对猎豹"行走"的定义是："动物从A点移动到B

点，四肢交替移动，并且总有一条腿与地面保持接触。"这再清楚不过了。即使是一只猫舔了舔爪子，并让爪子在脸上划过，也不能描述为"猫在清理自己"——这样就是一种过度解读了！恰恰相反，重要的是把确切的运动过程用语言记录下来。

这十分合理。举例来说，研究机构在研究转基因小鼠时，经常要衡量经转基因操作改变的小鼠行为。如果没有行为谱作为"行为标准"，实际上是不可能真正识别出这些变化的。

（ 第 三 步 ） 耐 心 发 展 出 对 物 种 的 第 六 感

尽管系统分类很重要，但在观察中没有比经验更重要的了。偶尔坐下来不带偏见地观察动物是必不可少的。即使你已经研究一个物种20年了，你也应该一次又一次地这样做。如此，乐趣便可以失而复得。毕竟做任何工作都一样，人们偶尔会失去乐趣。在国家公园里花12个小时寻找动物却一无所获，无法做任何实验或得到任何有用的结果，这当然令人沮丧。在这样的一天结束时，我会把车停到水坑旁，欣赏落日，这能缓解我的低落。我会观察并倾听动物，比如大象和疣猪，并回想一下自己为何如此热爱自己的工作。

观察需要耐心和毅力。最开始，你只是注意

Chapter 03 设身处地地思考

到动物在晃耳朵，就已经很高兴了。当我的学生在动物园生物学实习或在游学期间第一次观察动物时，他们意识到了观察动物是一件多么累人的事情。

观察时长为20～30分钟的片段。在此期间，眼睛不能离开动物。什么都不能错过！很多事情会发生得非常突然，有些行为只持续很短暂的时间，比如某个动物快速地看了一眼他的同类。持续的观察是很困难的。当然，动物的行为可以被记录在视频中，以便稍后在实验室中以慢动作的形式精准复盘，但这又要花掉大量时间。

回到刚刚提到的晃耳朵行为。根据多年研究同一种动物所积累的经验，我知道了一些行为的关联。我知道，如果大象的耳朵在这种情况下摇动，之后他们的尾巴尖也会随之移动。我不必细想这意味着什么，因为我了解肢体语言的表达。我研究大象20年，能凭直觉知道大象今天心情如何、我是否能再接近他一些。我能看出他是否紧张，我再走一段距离是否会让他焦躁不安。

当我和我的团队开着吉普车在非洲国家公园的某条"主干道"上行驶时，我知道象群会靠近汽车。那里也有很多游客开着他们的车，动物们早已习惯。然而，当我们在一条不允许游客开车的小路上遇到同一群大象时，他们与我们保持着更远的距离，至少在观测刚开始时是这样的。之后我们缓慢地向前推进：在不吓跑他们也不让他们对我们构成威胁的情况下，我们能离这群大象多近？我们常常反其道而行之：把车停在原地，让动物自己慢慢靠近我们。

与大型哺乳动物打交道时，用直觉解读动物的运动和细微信号不仅关乎科学研究，还关乎生命安全。特别是在录音时，我们尽量接近大象，但必须保持个体间距，即在没有闪躲或攻击的情况下与动物间的距离。然而，这个距离可能因动物而异，或因同一动物的不同情况而改变。

也许学习"阅读"动物行为的过程就像在学习一门语言：学习语言时，人们通常也是从学习词语开始，随着经验发展出一种第六感、一种辨听能力。同样，我们在行为观察中首先学到的是：大象竖起耳朵，说明他很专心。在学习过程中，人们会慢慢注意到：啊哈，原来这种语言的句子是如此构建起来的！在说话或倾听时，你会产生一定的敏感度，突然就会注意到细微之处，甚至不需要思考就"理解了"各种信息。

第四步 倾听声音，通过声音识别个体

人类如果要发展出对一个物种的鉴别能力，就必须"倾听"这个新物种的声音。21世纪头10年，我在美泉宫动物园待了很久，为了写我那篇关于非洲大象早期声学发展的博士论文。当时我能分清具体是哪头大象在"说话"。我可以通过声音区别他们，就像我们通过声音辨别熟人一样。这是通过每个人、每个动物声道的某些解剖学特征来实现的。此外，每个人，包括每种动物，都有自己特殊的"个性"，因此也有声音上的个体差别。这始于交流需求：有些个体比其他个体更爱"说话"或发声。汤加（Tonga）是美泉宫动物园里一只比较强势的母象，反应灵敏，也常常发出很多声音。她能发出有起伏的隆隆声。而几年前去世的大象琼博（Jumbo）的声音则有点儿嘶哑，听起来像烟嗓一样。

我们很难恰当地描述这些差异，也很难科学地把握它们。人类的听觉功能如此复杂，能够感知如此多的细小差异，以至于我们即使使用最好的分析程序也很难探索或再现这些差异。我们可以精确地测量许多参数，比如基本频率和频率调制，但这只是整体的一部分。平均来说，我们可以统计并比较20个声学参数，因为并不是所有声

音都能够被测量到，也因为录音质量的差异。即使记录和分析的技术不断完善，我们的大脑和感知依然比任何数字化系统都更精细和复杂。

多年的实践经验让人成为各自领域内的专业人士。如今我观察动物的方式与20年前完全不同，"解读"动物的方式也大不相同，并且更为深入。我觉得大象看起来不一样，听起来也不一样了。好像所有对大象的观察、自己做的许多大象研究，以及文献中的描述，都在我的脑海中层层叠加，形成了我解读大象声音的基础。例如，一些小事在开始时似乎很不起眼，或者根本没有引起我的注意，但现在立即引起了我的关注，因为我已经知道它们是相关的。根据这些所谓的琐事，我可以更快地推断出动物的整体状况、性格和精神状态。

第五步 竖起耳朵，
我们是否只能听到那些我们
知道的声音？

有时也会发生这样的情况：我能听到并感知到别人听不到的声音。我和朋友在大草原旅行时，听到了轻微的隆隆声。我说："你现在听到什么声音了吗？""没有，什么声音？""听起来像远处的卡车声或者是轻微的雷声。你们真的没听到吗？不可能！好吧，现在安静点儿，听着！"然后——突然之间——他们也都听到了。当然，我的听力是受过训练的。即便在和别人说话，我也不会错过任何大象的声音，只要这个声音能被人类听到。

身为研究员，我需要专门学习这一点。我必须培养一种敏锐的感觉和一种辨音能力。归根到底，这种倾听必须转化为一种无意识的自发行为，才能在观察或实验中真正发挥作用，因为在观察动物的过程中，要考虑的事情实在太多了，比如摄像机的对焦或录音设备的性能。我必须精准地识别并密切观察研究对象，即便我在实验的过程中坐在车里。

第六步 作为一名科学家，要在"与动物保持同理心"和"与动物划清界限"间保持平衡

这种逐渐接近动物的方式导致了意想不到的事情。首先是视角的转变。我逐渐学会与动物共情，更好地理解他们为什么会有这样的行为，或者接下来会有何举动。其次，如果我经常看到一只动物——为了了解他，我必须这样做——就会与他建立联结，自然地产生感情。这是一种非常人

48　　　　　　　　　　　　　　　　　　　　　　ⅠN

性化的好感。与动物园游客或者养宠物的人不同，这种好感对科学家来说是一个潜在的问题。

特别是和小动物打交道时，人们很难把情感抛诸脑后。我所在研究小组的重点之一是研究发声个体的发育，即幼年动物是如何学会交流的。写博士论文的时候，我在内罗毕的大象孤儿院工作了两个月。我在那里面对的是一些三到十五个月大的小象，他们大多因偷猎或其他悲剧失去了母亲。马迪巴（Madiba）是一头当时只有三个月大的小象崽，我非常喜欢他。然而，严肃的科学工作要求我们与研究对象保持距离，以便尽可能客观地观察研究对象的行为。

这个界限很难把握，因为两种能力都很重要。一方面，科学研究需要严肃认真的观察，不掺杂个人评判；另一方面，喜欢你观察的动物也很重要。

两种感觉相辅相成。强烈的情感能让人在研究过程中保持积极与好奇，有求知欲。没有这种热情的人，不可能每天早上五点起床去野外观察动物。但在进行科学观察时，研究者必须系统地观察动物的行为。一个人必须同时具备情感上从事研究的意愿，和客观、理性地观察与行动的准备。最重要的是，你要把这两个方面区分开来，否则你就不是一个好的科学家。

　　　　　　　Chapter 03 设身处地地思考

第七步　科学反思

有了这种尽可能客观的观察，以及对采集到的数据的系统处理，人们才能在后续过程中有理有据地论证。科学研究为动物具有情感这一认知提供了论据。

例如，恐惧就是一种情感，它可以分为不同的组成部分。身体在恐惧时会改变姿态，通常会蜷缩起来，这就是行为的组成部分；尝试理解这个情景，感官变得敏锐，这就是认知的组成部分。生理学的组成部分包括身体的反应：口干舌燥，心跳加速，准备在必要的时候逃跑。

神经科学领域的比较研究表明，那些对人类产生情绪至关重要的大脑区域，在动物尤其是哺乳动物身上也发挥着同样的作用。这意味着，人类和其他哺乳动物的大脑在受到威胁或感到愉快的情况下，有相同的区域处于活跃状态。当然，人与动物在某些情况下的行为反应可能非常相似。得益于神经科学、生理学、认知和行为生物学的共同发现，如今情绪至少在所有哺乳动物中得到承认。这一发现可以追溯到神经科学家雅克·潘克塞普（Jaak Panksepp）的研究。

不久前，人们不仅对动物感觉和情感的存在表示怀疑，而且一直认为动物之间的交流纯粹是出于本能。如今我们知道，动物不仅会条件反射地发声，还会根据周围的情况发声。只有发声这一行为合理时，动物才会发声。当狮子在附近时，猎豹幼崽可能不会叫妈妈，即使他此时此刻就想这样做。如果他察觉到了狮子的声音，就会保持安静，否则可能会有致命之灾。

动物根据自身所受威胁的性质和程度来调整的警示呼叫也证实，他们会有意识地用声音引起人类注意，这一点在家养宠物身上尤其明显。这些关于动物行为的具体证据正在逐渐改变我们对动物的看法。

科学发现可以为动物和物种保护做出很多贡献，还能为物种灭绝、畜牧业的弊病等各类缺陷提供证据。我们研究动物如何才能过上"美好的生活"（无论是繁衍后代，还是满足他们的基本需求），也研究什么事情对动物有害。动物的发声行为在这些研究中起着重要作用。

Chapter

04

如此相似，
如此陌生
(下)

如何利用现代科技
解锁隐藏的声音

如果一群大象（出于我不知道的原因）突然离开某个水坑，他们事先一定通过次声交流并协调了各自的行动，我很想听到这些声音。然而，如果不记录这些次声信号，我就听不到这些声音。我的目的不仅仅是了解动物世界。因此，我们使用能记录次声的麦克风。不过也有一些方法能让声音变得可见，让我们有可能深入了解动物声音的世界。

声学摄像机：
让声音可见

在深入了解动物声音前，让我们先回想一下声音是如何产生的。人类喉部产生的声音通常通过口腔向外传播，而动物经常用鼻子发声。例如，狗用嘴吠叫，用鼻子发出呼噜声。大象也用嘴和鼻子发出声音。身为科学家的我自然满怀抱负，想要了解动物在何种条件下使用哪种"渠道"及其原因。

活体动物发声时实际发生了什么，并不是我在上一章提到的喉咙实验室中的实验能追踪到的。因此，进化生物学家特库姆塞·费茨不仅使用处理好的喉部，还研究活生生的动物：他让狗、山羊和猕猴接受训练，直接在X光机上根据指令吠叫或咩咩叫。费茨对语言发展的解剖学先决条件很感兴趣。动物和人类有什么不同？又有什么相似之处？但大象对X光机来说太大了。我们怎样才能知道他的声音是从嘴里还是从鼻子里发出来的？大象的发声位置并不总像他们发出号角声时那样显而易见，但对声音的结构和音色有很大的影响。尤其是象鼻延伸为"鼻子声道"的构造，更是给研究增加了难度。在这种情况下，我们必须使用新技术。

数年来，我们一直在使用可以将声音可视化的"声学相机"[见p.77图片]进行此类研究。声音可视化设备在工业领域已经应用了几十年，用于检测噪声声源：企业工厂、工业设备、机器和发动机，或直升机和飞机的设计。多亏与柏林一家创新技术公司的合作，我们才能将这样的设备用于研究。

这种有趣的设备是如何工作的呢？声学相机的核心是麦克风，根据其型号不同，麦克风的数量也不同。有一款大型的声学相机叫作"星丛"，配备有48个麦克风通道，排列在一个由三个大型探头构成的三脚架结构上。这种模型特别适合定位低沉声音和大型物体。2019年，我们在博茨瓦纳实地考察时，还配备了一个更便携、更灵活的3D版声学相机，配有96个特别布置的麦克风。

这些麦克风不仅能记录声音，还能提供图像：由于它们与声源的距离不同，声音到达各个麦克风的时间也略有不同。这些微小的时间差被各个麦克风记录下来。根据收集到的信息，机器可以确定声源的确切位置。各个结构的中心是一个高分辨率摄像机，"声音图像"[见p 79图片]在上面被转录下来。我们最终可以在录制的视频上看到声音发出的位置（以彩色标注），换句话说就是，声音是哪种动物发出的，又是从哪个发声器官发出的。

稀树草原上，
低沉音调的长途对话

大象的鼻子和嘴巴相隔（相对）较远，这对我们来说是个优点：在声学摄像机的帮助下，我们能清楚地分辨出哪些声音来自鼻子，哪些声音来自嘴巴。我们首次证明了大象通过两个发声器官发出隆隆的声音，我们展示了这些不同的隆隆声是如何产生的。母象的鼻声道从声带延伸到鼻尖，约有2.5米长；喉咙与嘴巴相距70～80厘米。这种巨大的距离差异也能从他们发出的声音中体现出来。

无论是老鼠、鳄鱼，还是大象，以下经验法则都适用：发声器官位于喉咙上方的部分越长，共振峰（信号中被放大的频率范围）就越低。声音越低沉，声波就越长。10赫兹的声波长度是30米。这也意味着，低沉的声音在环境中的传播效果更好，因为很少有物体可以阻挡30米的声波。这是一个物理事实：低沉声音的传播范围更大，无论何时何地。

这一点对大象来说意义重大：他们的社会结构非常灵活，象群经常在白天分开觅食。"分群—合群"社会结构是行为生物学中描述这种生活状态的专业术语。这些动物彼此分开，却在声学上保持联系、相互交流。他们之后再相遇时会用声音庆祝重逢，以确认彼此的社会联系。

这就是声音存在差异的原因：当大象想要在较远距离与同伴保持联络时，他们会用鼻子发出隆隆声，利用长声道来加强远程通信所需的低频部分。当他们重逢并打招呼时，即使仅仅分离十分钟，这场问候仪式也会持续几分钟。如此便形成了一场迷人的合唱，所有大象都吹起号角并发出隆隆声，他们彼此靠得很近，相互触碰并一起发声。在这种情况下，大象的嘴部会将较高频率的声音部分放大。通过这种方式，大象共享了大量的社会信息（个性、群体归属感），最重要的是，他们分享了自己的情感。

))) 试听

即使只是分开几分钟，大象相互问候的合唱也十分迷人。合唱常持续几分钟，就像这段音频中呈现的那样。

如果想把这种野生动物的声音记录下来，作为有针对性的实验的一部分，那就好比一场音乐会演出。作为研究主管的我是指挥，必须始终确保所有参与者的安全。每个人都必须了解具体计划，知道自己该做什么。

有些技术人员不习惯和动物打交道。他们对突然出现在其面前的一头活生生的大象小心翼翼，或者惊讶于象鼻在伸张状态下竟如此之长。饲养员必须相应地引导大象，例如当我们想把象群分开的时候。而大象有时心情很好，有时却不愿合作，或者心不在焉——他们向后走的时候，会忽视站在后面的人！要想实验成功，动物还应该与麦克风保持一定的距离，不要大幅度地移动，否则声音的定位会很困难，并且在发声时最好"看向镜头"……嗯，你可以想象，为了获得可用的数据，我们需要耐心、精力、计划、团队合作，甚至还需要一位指挥家。

通过"瓜状体"实现回声定位：
海底的咔嗒声

你知道海豚的喷气孔吗 [见p.81图片]？海洋哺乳动物浮出水面时，会通过这个喷气孔排气。这种喷气方式会使鼻腔孔下方的组织振动，就像我们人类的声带振动一样，而海豚没有人类这样的声带。这种振动会进一步传递到所谓的"瓜状体"上，也就是海豚额头处的一个充满脂肪的晶状体。"瓜状体"把声波集中起来，并将其朝前发射出去，如此便形成了海豚特有的咔嗒声，准确地说，是一连串点击声，频率高达13万赫兹。海豚将这种声音用于一种特殊的技巧：回声定位。

回声定位是用来精确地感知周围环境的：海豚向外发送声波，如果遇到阻力或障碍物，声波就会以不同的形态和不同的时间间隔反射回来。海豚通过比对这些信息就能够感知障碍物的形状。他们可以凭此辨认大小、方向和距离，并通过声音定位自身。

如果海豚发现了有意思的东西，就会好奇地靠近并提升发送咔嗒声的频率。这反过来又提高了回声定位的精确度，能使他对另一只海豚或另一条鱼进行详细的"三维扫描"。实验表明，海豚能通过这种技术识别物体，例如区分它们是立方体形还是金字塔形。

◀)) 试听

这里的咔嗒声以及被称作"哨音"（whistles）的口哨声是海豚用来帮助定位的工具。

海豚在回声定位时甚至会相互协作，共享信息。法国研究员奥利维耶·亚当（Olivier Adam）和法比耶娜·德尔富尔（Fabienne Delfour）在水下使用麦克风摄影系统时发现了这一点。这种系统的工作方式类似于之前提到的声学摄像系统。在其中一次尝试中，六个摄像头和四个麦克风记录了一群海豚的一举一动，然后他们用一个复杂的软件为信息分类，确定哪只海豚在发出回声定位的叫声。这是因为海豚在发出咔嗒声时不会张嘴，所以我们无法从视觉上确定哪只动物正在发声。

捕猎路上：
共享声音

通过研究，亚当和德尔富尔发现了海豚声音系统及其合作方式中的一些值得注意的东西：在靠近研究小组的一群海豚里，只有最后面的一只发出了回声定位的咔嗒声。前面的海豚可能主要负责收集视觉信息。因此，打头的海豚是一名"沉默的"侦察兵。他的优势在于他不会被声波暴露，对鲨鱼或虎鲸等天敌来说并不显眼。由此可见，海豚有一个分工明确的共同探路策略。

声学对于那些在空气或水等三维空间中活动的动物来说格外重要，对他们的捕猎策略而言尤甚：我们知道，海豚和鲸都是集体行动的。虎鲸的战术类似于狮群：每只动物都有自己的特定任务，比如有的负责把猎物赶到身前，但整体是团结在一起的，他们也会互相交流。

因此，我们人类每天经历的事情同样适用于动物世界：信息可以共享，获得信息就能创造优势。这让我们相信，许多动物似乎比我们想象的更有行动力。从动物的角度来看，共享信息是一种极强的认知能力，因为他们在集体中不仅能够得到更好的保护，让捕猎更成功，还能获得更多信息。

这或许会引发我们的思考：动物不仅关注作为个体的自己，更重要的是，要想分工合作，动物必然对"我"和"你"有某种认知。他们会通过各种方法来扩大自己的感知范围，更好地与环境相处。我们之所以能够了解这些情况，有赖于近几十年来的技术发展，为我们提供了必要的观察设备。顺便说一句，这也说明了跨学科信息共享有多么重要。

蝙蝠探测器：
让蝙蝠的超声波被听到

在我从事研究的过去20年里，技术发展迅猛，这让我心存感激。要不然，我们怎么能发现那些既无法从动物的解剖学事实或行为习惯中推测出来，也无法被听到的声音呢？毕竟，要想理解一种声音的含义，我们首先至少要注意到它的存在。

在我们人耳听来，蝙蝠几乎没有声音，他们生活在黑暗中。但他们在超声波范围内发出咔嗒声。我们能在一些微型蝙蝠或狐蝠科蝙蝠身上初步观察到这一点。但是，当动物的发声频率在10万赫兹左右时，我们就听不到了。蝙蝠善于用叫声在黑暗中精准定位，即使高速飞行也不会与树木或物体相撞，回声定位非常精准。与此同时，这种动物的飞行速度快得惊人：他们的平均飞行速度为每小时50到60公里，但也有

田 N

记录显示其最高飞行速度可达每小时160公里。

🔊 试听

我们一般听不到蝙蝠的定位叫声。在这里，延时探测器将其转换为较低的频率，这样我们就可以听到信号和回声间的距离是如何随着定位叫声缩短的。

我们人类估算一棵树位于3米外，而蝙蝠却能通过超声波信号精准测算出这段距离是3.15米。信息以惊人的速度被"计算出来"。回声定位不仅能帮助蝙蝠捕食和定向，还能帮助他们找到饮水点。光滑的表面就像一面镜子一样，能反射蝙蝠的超声波。自然界中只有水才有这样的表面。大部分蝙蝠都用喉咙发出咔嗒声，有的蝙蝠也用舌头。这种咔嗒声可以变得十分响亮，甚至能达到手提凿岩机的音量。我们人类无法感知这些超声波，而所谓的蝙蝠探测器恰好就是为探测这一频率范围所设计的。

业余博物学家也使用这种"蝙蝠探测器"，它的价格不贵，有些程序甚至能根据典型频率来确定蝙蝠的种类。此外，这些装置可以降低蝙蝠叫声的频率，使其中至少有一部分可以被人类听到。如此一来，人们就可以追踪蝙蝠在飞行中的行为。与海豚类似，蝙蝠在捕猎前会提高其叫声的频率。在正常飞行过程中，蝙蝠每秒发出10次左右的叫声，但当昆虫靠近时，蝙蝠的叫声能达到每秒200多次。

在泥浴中使用发射器：
生物声学在行动

就像蝙蝠一样，多数动物都有我们无法观察到的"秘密"生活。我们知道，鲸在迁徙中会用声音保持联系，但他们能在多远的距离下保持交流？两群大象相距多远？他们是如何用联络的叫声来协调迁徙的？这些问题的答案对于更深入地理解动物行为至关重要。因此，生物声学界兴起了为动物配备发射器的潮流。如此一来，人们就可以在观察动物交流时一并观察其迁徙行为和有序的群体活动。

在很多情况下，全球定位系统（GPS）发射器已经投入使用，以便跟踪动物的远足路线、迁徙路线或地区路线。同时，动物的心率及体温等生理数据也可以通过特殊的存储单元，即所谓的数据记录器来记录并传输。活动传感器可以确定动物的运动模式、测量环境温度并传输信息。此外，在设备上安装小型麦克风就可以记录动物的声音行为。我们将所有这些数据与通信联系起来，就能发现许多关于动物生活的信息。

然而，技术上的可能性也有限制。动物身上安装的传感器越多，问题就越多。能源供应总是一个限制条件。收集数据需要消耗能量，而需要的能量越多，电池的尺寸就越大。人们早晚需要解决电池的重量问题。传感器本身很轻，但与电池和其他硬件（项圈材料、铸件）组合在一起就重起来了。动物能承受多少重量，因物种和个体而异。

目前，这类发射器的研发工作正在如火如荼地开展。人们也在尝试给发射器安装太阳能电池板，以便在没有电池的情况下持续为设备供能。但这对大象来说是行不通的，他们太喜欢泥浴了！不过这对其他动物来说还是一个很好的选择。

尽管有前面说的这些困难，我仍然认为给动物安装发射器是生物声学的前瞻性方法。在我的工作小组，安东·鲍蒂奇正在研究如何给长颈鹿、猎豹和大象的发射器添加麦克风。在未来，全球定位系统项圈会变得越来越轻，储存容量也会越来越大。技术进步让人们洞察动物秘密生活的壮举成为可能。

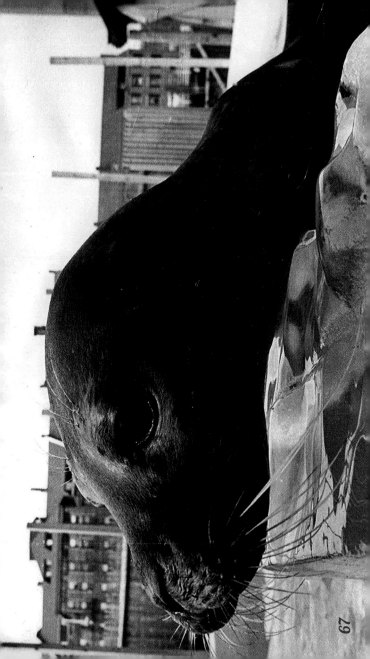

67

p.7 ●海豹胡佛于 1971 年至 1985 年生活在波士顿的新英格兰水族馆，他能模仿人类语言，水平之高令人惊讶

p.11 ● 能发出咕嘟声的短攀鲈生活在东南亚地区，以其独特的声响闻名

p.33 ●博美犬露娜可以发出一种特殊的小声吠叫，而且是有针对性的

p.39 ● 美泉宫动物园的猎豹不断繁殖后代，但他们的繁殖仍然是个谜

p.56 ● "星丛" 是一款大型声学摄像机，配备有 48 个麦克风通道，可以测定特别低沉的声音，并完成可视化处理

p.57 ● 这是声学摄像机产生的图片，其中的彩色光谱让声音发出的位置清晰可见

p.59 ● 海豚的排气孔不仅用于呼吸：他们通过鼻道的组织和独特的器官"瓜状体"发出咔嗒声，并通过回声定位来测定方向

p.99 ● 长颈鹿生活在所谓的 "分群—合群" 社群中：

他们偶尔分开觅食，但总是聚在一起过夜

p.105 ● 如今，这头具有非凡模仿能力的雄象卡里麦罗生活在荷兰的一个野生动物园里

p.111 ● 熊猫出生时身长只有12厘米左右，两只眼睛都看不见，几乎没有毛发。因此，用声音吸引注意力对他们来说显得格外重要

p.118 ● 生活在非洲西部和中部的大白鼻长尾猴能通过不同的声音和声音组合来区别敌人

Chapter 05
作为
实验室的
动物园

在"受保护"
环境中的
发现

第一篇论文总是最难的。身为一名年轻的博士生，我首先需要在科学界站稳脚跟。科学出版这种记录并展示自己工作的独特方式，和许多其他事情一样，都需要学习。这个学习过程有时非常令人沮丧，因为科学期刊的审稿人可能非常严格。不过，我还是成功地在自然科学领域最权威的期刊《自然》上发表了第一篇论文。这也要感谢卡里麦罗——一头天资独特的大象。

卡里麦罗是如何让我
大吃一惊的

21世纪初，我在巴塞尔动物园遇到了卡里麦罗，他当时25岁左右。那是我有生以来第一次站在一头巨大的雄象面前。卡里麦罗的头骨宽大，第一眼看上去，他好像就只有一个大脑袋。我被他吸引住了，因为他比我在美泉宫动物园见到的雌象都要大很多。雄象不像雌象那样乐于交流，所以我原本计划在巴塞尔主要和雌象打交道。但我很快捕捉到了雄象的声音，不知为什么，我年轻时的好奇心和好胜心把我引向了卡里麦罗。我最初甚至有点儿不太喜欢他，这头雄象曾向我和动物园游客投掷树枝或石头，饲养员必须确保他周围没有任何适合投掷的东西。

卡里麦罗一生中与人类打交道的经历并不愉快。

1982年，他被德国汉诺威附近的一家动物贸易公司运到罗马动物园，中途停经盖尔森基兴动物园。这家动物贸易公司直到20世纪还在将异域的动物甚至人类运往中欧地区。卡里麦罗当时才两岁，相当于一个没断奶的小朋友。当时非洲南部出现了许多"灭绝行动"：为了防止某些地区的象群过度繁殖，成年大象会被射杀。这一行为如今被专家严厉批评。当时，人们常常给大象幼崽留下一条生路，将他们卖往欧洲或美国。卡里麦罗就是其中之一。

有次在巴塞尔动物园的室内围栏做观察工作时，我突然注意到一些不寻常的现象：卡里麦罗会有规律地连续发出短促的声音。我从没听过非洲象发出这种声音。当时我刚开始做研究，从未去过非洲，也几乎没有实践经验。不过我读了很多书，听过很多相关的录音。卡里麦罗的声音虽然更深沉、刺耳，却总让我联想到亚洲象的高频吱吱声。

 试听

我们在这段音频中首先听到的是亚洲象的吱吱声。为什么非洲雄象卡里麦罗会发出类似的短促叫声？

我大吃一惊，于是开始研究这一现象。在这个过程中，我发现卡里麦罗实际上在罗马动物园与亚洲象一起生活了18年。我当时还不确定我发现了什么，我决定联系著名的大象研究专家乔伊丝·普尔（Joyce

Poole）。"您知道这种声音吗？"我向她提问并提出了我的猜测：卡里麦罗是在模仿亚洲象的声音。普尔回复说，她认为我发现了一件大事。她目前在写的论文正与之相关，她问我愿不愿意和她一起向《自然》杂志投稿，发表这篇文章。这还用问吗！

人类身边：动物园是
行为研究人员的实验室

如今，动物园是行为研究的一类实验室。在这种简单且易于管理的环境中，接近动物要容易得多，人们不必在稀树草原或热带雨林中追踪动物。就像我在2005年发现大象能模仿声音一样，与动物园的合作总是带给我们新的发现，无论是在兽医学还是行为研究方面。

另一位著名的大象研究者凯蒂·佩恩（Katy Payne）曾于20世纪80年代在动物园里发现大象能发出次声，她后来在纽约康奈尔大学创立了"聆听大象项目"，主要研究非洲森林象——稀树草原象的体形较小的亲戚。佩恩说，有一次，她在动物园站在一头亚洲象身旁，大象发出声音时，她感受到了一种震动，她也曾在教堂的管风琴旁边感受过这种震动。这次经历让她开始在次声范围内寻找大象发声的范围，并在这一过程中发现隆隆声的一部分位于次声范围内。这一开创性发现便得益于与动物的近距离接触。

从科学的角度来看，动物园和其他饲养系统（比如保护区、动物孤儿院、受伤或被遗弃动物的收容所）都很有用，因为它们几乎没有任何"干扰因素"——情景或干扰噪声总能得到更好的控制。我发现动物保护区的工作条件特别好：在那里，大象生活在他们真正的栖息地中，而不是围栏里。他们和饲养员一起在保护区内活动。与动物园不同，他们可以在一大片区域内自由活动，遵循天性，只不过他们已经习惯了人类的存在。

野外研究非常了不起，令人振奋，但也是一件艰难且漫长的事，因为有很多影响因素是我们无法控制的。与之相对，保护区的条件既受人类控制，又与动物生存的自然环境相似。

经常与我们合作的南非贝拉贝拉（Bela-Bela）保护区就是一个例子：我们想在那里精确区分大象用于联系和用于问候的叫声。为此，我们把一群大象分为两组，让他们在彼此视线之外10～15分钟的距离处吃东西。我的同事安东·鲍蒂奇陪同其中一组大象，我和另一组大象待在一起。没过多久，大象就开始有规律地向对方小组发出低沉的联系叫声。一组发声后，另一组会在短暂的停顿后回答。他们会等对方说完再回复！

通过同时录制两个小组的视频和音频，我们相当肯定他们确实在互相联系。在野外完成同样的实验要困难得多，比如，大象可能会回应远处其他物种发出的声音，而这已远超出我们和大象的视线。或者，雌性大象会回应她身旁的幼崽吗？他们发声是为了交流吗？因此，将在动物园和保护区做的动物研究与对野生动物做的研究结合起来是非常有意义的。

长颈鹿哼鸣声之谜

长颈鹿是一种不起眼的动物。这不是在说他们的体形，而是在说他们的性格和交流方式。长颈鹿的视觉最为敏锐，光学信号对他们来说很重要。交流双方的耳朵向前还是向后都具有一定含义。长颈鹿可以在1.4公里以外认出同类，每只长颈鹿身上的斑点都独一无二。这种区别是如此细微，以至于人类通常都注意不到。

有传言说，长颈鹿会像大象一样发出次声。这个传言之所以存在，是因为人们几乎从未听到过长颈鹿的声音，也无法想象长颈鹿这样的群居哺乳动物之间没有声学交流。因此，我和我的团队想深入了解这种动物的声音。研究长颈鹿"秘密语言"的设备已经就位。2010年，一名硕士生在我的安排下收集了大量音频材料。她花了几个月时间，奔走于不同机构，甚至有幸见证了长颈鹿宝宝的出生。但她的收获令人沮丧：她没有发现任何与大象的低沉和声类似的声音。

我开始怀疑长颈鹿会发出次声的假说。在这几个月的观察中，这名学生记录了大约20种声音，也就是说，她只注意到了长颈鹿发声的20种场合。这并不令人满意，也让我们深思：长颈鹿有没有可能确实几乎不使用声音交流？他们真的能一直依靠视觉吗？即使在深夜中也如此吗？

我和同事安东·鲍蒂奇想出了一个点子：在美泉宫动物园、柏林动物园和哥本哈根动物园的长颈鹿饲养场，用自动录音机在夜间录音。录音完成后，安东查看了频谱图。频谱图是用图像呈现声音的形式，展现频率随时间变化，人们可以从中读出组成信号的单个频率。长颈鹿的声音就在其中：在近千个小时的录音里，安东发现了一些和谐的、拉长的、深沉的声音，约有100个片段。

与其他物种发出的声音相比，这些声音不算多，也不规律。但这绝对是长颈鹿的声音：三个饲养场里没有其他动物，而且它们彼此非常相似。在我们之前，真的没有人听到过这种声音吗？

🔊 试听

安吉拉·斯托格和她的团队花了将近一千个小时，才发现长颈鹿在夜间发出的这种被称作"哼鸣"（humming）的声音。

在我们发表的文章中，我们把这种夜间的声音称作"哼鸣"，它是一种嗡嗡声。它的基本振频在50～100赫兹，对我们人类来说相对容易听到。也就是说，它们不在次声范围内。但这也就是我们所了解到的一切了：可惜夜间拍摄的图像不够清晰，我们无法分辨出是哪只长颈鹿在发声。也有可能这些动物根本没动嘴，我们不知道他们这样做的方式及原因。因为他们视野有限吗？这可能发生在黑暗的夜里，也可能发生在能见度差的地方。

这些发现改变了长颈鹿的风评，他们从大草原上的"龙套"成了正儿八经的重要角色。人们发现，长颈鹿很可能也组成了社会团体。与大象类似，这种"分群—合群"的群体 [见p.83图片] 白天到不同的地方觅食，傍晚时分又聚集在一起休息。长颈鹿似乎还有幼儿园，我甚至亲眼见过一次——人们常常遇到由几只长颈鹿幼崽和一两只雌性长颈鹿组成的小群体，其他长颈鹿妈妈则在稍远的地方悠哉地觅食。

作为稀树草原上的居民，长颈鹿的生活并不轻松。睡觉时，长颈鹿必须躺下，将长脖子绕过身体，把头倚在地上。长颈鹿躺着的时候很容易受到伤害，因为他需要时间来"解开"庞大的身躯、长脖子、长腿，再站起身。不过进化论以自己的方式解决了这一问题：长颈鹿睡得很少，每天最多20分钟，深度睡眠只持续几分钟，大部分时间他们都站着打瞌睡。

野生动物如何生活，如何度过每一天，吃什么，多久吃一次——所有这些都是与行为生物学相关的知识，对于任何类型的动物饲养都意义重大，对动物园来说就更是这样了。例如，时间生物学要求研究者密切观察动物的活动：动物遵循哪些昼夜节律，是否也与月相有关？这在动物园很重要，因为动物园有时会尝试让夜间活动的动物改变作息，以便游客能在白天亲眼见到他们。如果要这样做的话，也必须小心行事——就像有关轮班工人的研究所证明的那样，不规律的睡眠会影响健康。各种压力也会让动物园的动物睡不好觉。

人工饲养的动物与他们自由生活的同类不同，不能自主决定或自由迁徙。人类对其负有特殊的责任。如果一个群体突然发出更多表示压力的声音，可能表示他们的社会结构已经失衡，群体动态发生了变化。年轻的雄性可能变得更具主导地位，表现出获得统治地位的意愿，而年老的雄性不能移居别处。在这种情况下，管理者必须介入。无论是过去还是现在，动物园总有些条件限制着动物，即便竭尽全力，动物们也只能有限地发展其天性。

奖励一只面包虫：
将行为训练作为智力锻炼

作为补偿，许多受科学指导的动物养殖场试图通过"丰容"（enrichment）措施来对待饲养的动物，让他们忙碌起来。比如，动物们不会轻易地从碗里获得食物：棕熊必须从树杈或腐烂的树桩上获取黄瓜或胡萝卜，饲养员会在熊的围栏内放几颗来自附近饲养区的羚羊的粪球来"丰容气味"。这可以在嗅觉和精神上刺激熊，鼓励他们嗅闻、摩擦、挖掘。因为无聊是最糟糕的事情之一，行为障碍也常常和无聊相伴而生。

在现代动物园里，这种行为障碍越来越少见了。这一方面是由于饲养区的结构更加结构化，另一方面是因为动物护理在过去几年里发生了很大的变化，尤其得益于动物行为研究的成果。尽管人们对在动物园饲养动物持怀疑态度，但科学研究和动物园的动物饲养工作之间有非常富有成效的联系：一方面，科学需要通过直接观察和实验来获得重要的认识，而这些认识只有通过近距离接触动物园的动物才能获得；另一方面，这些启发反过来又有助于人们更好地了解动物园，让动物园采用更适合动物的饲养方式。

训练动物的认知也是一种丰容形式，同样具有实用价值。无论在家里、动物收容所、饲养站，还是在动物园，能够无压力地与动物打交道是至关重要的。比如，大象有时需要足部护理，需要修剪指甲，因为在动物园的围栏里他们指甲的磨损程度不像在野外那样高。兽医必须能为动物抽血或打疫苗，完成这些事情都需要有规律的训练。

这种训练随着新的认知而改变。我们现在知道，训练在积极强化（Positive Reinforcement，一种心理学理论）下运作得很好：如果动物在训练中按照训练员的想法做某件事，就会得到最喜欢的食物。

动物园里的动物常常因此被兽医探视：有时兽医只是去抚摸动物，给动物们留下一个积极的印象，他们并不总是给动物们打针。家里养狗的人自然不会每周都去看兽医，这就是我的两只狗总是在候诊室吓得发抖的原因。

另一方面，对动物园的动物和家养宠物同样有效的方法是响片训练。这种训练将一种声音——通常用一个类似咔嗒器的东西——和奖励联系在一起。这种条件反射几乎适用于每一种动物，不管是鸡（我们之后会深入探讨）还是长颈鹿。咔嗒器是预示着奖励的信号，作为辅助激励措施，而食物是几乎所有动物行为的首要激励措施。但对待不同动物的方法略有不同，咔嗒器也常被用于标记，用咔嗒声标记正确行为的确切时间。

咔嗒器常与"目标"结合在一起，比如一根被称为"目标棒"的棍子，或者驯兽师的手。动物学习使用身体的一部分（通常是鼻子或爪子）来触碰这个目标，当棍子移开时，动物也会随棍子移动。

在我供职的维也纳大学行为和认知生物学系，我们教松鼠猴从笼子里伸出一只手。为什么要这样做呢？松鼠猴之间经常打斗和撕咬，我们总是需要用氯四环素或聚维酮碘溶液为其处理伤口。有时人们也需要给他们抽血。这种时候，是用网捕捉动物还是让他们自愿坐在笼子边缘有很大的不同。因此，我提倡通过训练来减轻动物的压力。这不仅适用于大象和其他大型哺乳动物，只要有足够的耐心，人们可以训练任何动物。

我们也在动物思维和感知实验中使用这样的训练方式。行为和认知生物学系饲养了鸟类、小型哺乳动物和小猴子。有些动物，尤其是猴子，非常喜欢"工作"，甚至愿意一项任务做两次。任务的奖励是一种特殊的美食：面包虫。为了获得这份奖励，动物们需要识别触摸屏上的形状，比如区分圆形和正方形。

我们的测试方法如下：首先让猴子对圆形建立联系，也就是说，当符号"圆形"出现时，他们就会得到一只面包虫，直到他们把这两个信号联系在一起："圆形带来面包虫。"然后我们同时向他们展示一个圆形和另一种形状，比如四边形：如果他们依然反复选择圆形，按照专业术语的说法，这就证明了他们的"辨别能力"，证明他们能够区分圆形和四边形。

在训练中有时也能学到些新东西，"捕获"一种新的行为。人们主要从幼崽开始训练。如果幼崽在游戏中躺下一次，教练就会立刻发出咔嗒声并给予其奖励。重复几次之后，动物们很快就会明白："啊哈，这种躺下的动作显然是符合预期的，而且能给我带来奖励！"从某一刻开始，特定的动作会和某种命令联系在一起。动物们做出某种行为，由驯兽师将这种行为捕获。

这种方法也适用于发声。例如，动物发出一种可能不在其自然声音中的不寻常声音时，细心的驯兽师会立刻用奖励来回应这一行为。最开始动物发出的声音可能相当小，但驯兽师渐渐只回应那些更响亮的声音。通过这种方法，人们甚至可以朝着某种特定的方向塑造声音，并用于研究。

训练中的变化能提高注意力。反之，如果训练变得单调，比如训练员每天都布置同样的任务，那就不能达到真正的目的了：为日常生活带来多样性，让人类照料的动物得到充分的发展。

动物传记：
卡里麦罗的经历

帮助我在《自然》杂志上发表文章的雄象卡里麦罗［见p.85图片］，如今生活在荷兰的比瑟卑尔根野生动物园里。他现在40岁了，和几只雌象建立了感情。大象在这个年纪可能还有10～20年的寿命。从科学的角度来看，我们可以简单地说：卡里麦罗是他这个物种的特殊标本，是一个为知识进步做出贡献的研究对象。但我的视角是矛盾的：我在科学出版物中提到某个特定的动物时，一般都会写上动物的名字，使用人称代词"他"或"她"，而不是惯例的"它"。

对我来说，动物永远是独立的个体，是有感情和性格的个体。因此，我看到了卡里麦罗命运中的不幸：还是小象的他来到一个陌生的群体，他在那里努力寻找联系（他的模仿行为表明了这一点），后来又被带到了另一个有非洲象的动物园里。

幸运的是，如今许多动物园都会顾及动物们的社会关系，至少会顾及大象和其他高度社会化的动物。过去，年轻的雄象经常和适应良好的母亲一起被驱逐出团体，因为他们会引发不安，也因为雄象通常不会待在母象所在的集体中。这种情况通常发生在幼象五六岁时。但对雄性幼象来说，这时离开象群还太早，因此幼象的母亲只好一起离开。这往往导致大象妈妈们在融入新团体时遇到困难。

如今人们正尝试让从前分居的家庭成员团聚，主要是女性成员。我知道两头雌象的例子：她们在马戏团相处数年后分开了半个世纪，在重逢时立刻认出了彼此，相互抚摸，发出许多声音，深情地打招呼。这两头可爱的、满脸皱纹的老象女士如今心灵相通、形影不离。

这种情况在虎鲸身上也得到了验证：目前生活在水族馆里的大多数动物都是野生捕获的，他们在幼年时期就与家人分离了。还有幼崽在水族馆出生后就被运往其他园区。有一次，一只出生在海洋世界的虎鲸幼崽在四岁时与母亲分离，他的母亲在夜里开始浑身发抖，不停地喊叫。我小时候和家人去海底世界，被虎鲸深深吸引，我至今还记得那种孩子气的感情，直觉告诉我，这头虎鲸妈妈不属于这座水族馆。

这些有关动物情绪反应的证据如今已经有了更多的科学依据，必须引起我们的重视，我们也应认真讨论。我们不仅要关注动物的身体健康，从人性的角度来看，还要关注动物的精神健康。在管理决策中，必须像考虑有关育种和遗传多样性问题一样，考虑动物们的社会联系，因为这对人类照看的动物个体意义重大。

我的研究项目无法直接帮助卡里麦罗，但或许通过研究和讨论帮助到了他那些拥有独特经历的同类。

动物园的每一类研究对每一种动物饲养系统的进步和改善都很重要。提高对动物需求的认识，不仅对动物园，更对家畜饲养至关重要。

Chapter
06
动物们都
聊些什么

社会化程度越高，
元音就越多吗？

我从前绝不会相信这些小小的熊猫宝宝[见p.87图片]能发出这样令人难以置信的洪亮叫声。和所有的熊类一样，母熊猫生下的熊猫宝宝几乎没有毛发。他们大约12厘米长，只有巴掌大小，听不见也看不见。大熊猫通常是双胞胎。他们能发出如此洪亮的叫声是有原因的——这关乎他们的生存。当小宝宝从妈妈肚子里滑出来，落到地上，感到寒冷时，他必须引起妈妈的注意，因为他需要妈妈的温暖。

🔊 试听

大熊猫宝宝的叫声真的很大。这并不是没有理由的，这关乎生存。

反过来说，这也意味着，如果另一只幼崽声音很小或根本不出声，他可能会被忽视而死亡。中国的熊猫繁育基地会用最有效的方式提供帮助：幼崽出生后，其中一只会被立刻送入保育箱，另一只则在"产房"中与母亲待在一起，每周轮换一次。我们和这些保育箱中几天或几周大的熊猫宝宝一起工作，记录他们的声音。

值得注意的是，熊猫幼崽饿了就会发出与人类婴儿非常相似的尖叫或哭泣声，这些声音的频率约为500赫兹。小家伙们越紧张，叫声就越大，更重要的是，他们的叫声也会更加焦躁，就像人类一样。在这种情况下，幼崽的声音中会有更多的"混乱部

Chapter 06 动物们都聊些什么

分"，听起来更有穿透力，也更令人不适，尤其对母亲来说。包括我在内的每一位母亲都会有相同的感觉。

◄)) 试听

与之相对，轻轻按摩大熊猫宝宝腹部时，他们的叫声让人想起轻轻打呼噜的猫咪。

在相对安静的情况下，熊猫宝宝的叫声更像是打呼噜，比如当饲养员用温热的棉球按摩熊猫幼崽腹部时。这不是保健治疗，而是为了刺激宝宝排便，不然熊猫妈妈就会通过舔舐宝宝来完成这一任务。在幼崽几周后离开产房时，他们发声较为活跃的阶段也就结束了。

不管是棕熊、北极熊还是大熊猫，幼崽通常会在妈妈身边待很久，动物园会尽量让他们在一起生活两年。中国熊猫繁育基地里的熊猫幼崽在六个月后就与母亲分离，以便雌性熊猫能够尽快再次交配。那里遵循严格的出生时间表。熊猫幼崽先是被送到熊猫幼儿园，稍大些后会被"租借"给其他国家。需求是存在的：世界各地的动物园都在争抢大熊猫，而野生大熊猫仅存约2000只。过去几个世纪，大熊猫一直被人们猎杀，主要是为了皮毛。此外，他们的栖息地——中国和缅甸的竹林——面积也在渐渐缩小。

有时我想知道，即使是句玩笑话，从进化的角度来看，大熊猫究竟是怎么活下来的？他们非常笨拙。熊实际上是杂食动物，什么都吃，但大熊猫几乎只吃一种营养贫乏的植物：竹子。他们要花许多时间坐着进食。黄昏和夜间是他们主要的活动时间，白天他们喜欢在树上或在岩洞里睡觉。他们独来独往，一点也不爱社交，即使在几公顷大的领地里遇到了同类，他们也会避开对方。从各种角度来看，他们都过着相当平静的生活。为了适应其原始栖息地，这种生活显然是有意义的。

然而也有一个例外：随着春天这一交配季节的到来，成年熊猫生命中唯一的"喧闹"时刻就开始了。在求爱和交配时，熊猫都会疯狂地发出声音。两只熊猫突然变得健谈起来，显然在彼此分享许多东西，发出的声音也差异巨大：既有高频率的叽叽喳喳，也有更深沉的咕噜声，还有咩咩叫和吠叫。遗憾的是，人们基本上还不清楚这些声音的具体含义。曾经考察过考拉的认知生物学家本杰明·查尔顿（Benjamin Charlton）对熊猫的交配做了声学分析：这些声音似乎能协调雄性和雌性的行为，表明两只动物都想要交配，而不是寻求对抗和冲突。

恐惧、危险和呼救：
普遍的对话主题

不管是健谈还是内敛，几乎所有生物都会在下述特定情况下发声：恐惧、面临危险和呼救时。所有语言都有这三种基本的声音表达，包括动物的语言。这对动物幼崽格外重要：母亲照顾后代，哺育幼崽，与幼崽交流。比如，尼罗河鳄鱼母亲会在幼崽出生的头几个月里守卫巢穴，保护幼鳄。事实上，尼罗河鳄鱼在出生后的最初几天里，就会通过在壳里呼叫引起注意，来提高生存概率。

🔊 **试听**

甚至在破壳前就能听到鳄鱼宝宝的"呜啊"声。

破壳前不久，我们就能够清楚听到鳄鱼宝宝的"呜啊"（Umph-umph）声，他们发出这种呜啊声是为了确保所有的兄弟姐妹尽可能同时被孵化，也为了确保母亲能保护他们。鳄鱼母亲有时甚至会温柔地用嘴叼住鳄鱼宝宝，把孩子们带到水里。

通过"呼救声"来识别压力——就像开头例子中熊猫宝宝的啼哭一样，人类甚至能在跨物种的情况下做到这一点：我们在一项研究中给人类受试者播放大熊猫幼崽和大象幼崽的声音，其他的声音案例来自青蛙、短吻鳄、乌鸦、家猪、地中海猕猴和人类。这些声音包括动物和人类在压力状态和放松状态下发出的声音。结果表明，受试者仅凭声音就能很好地为动物的紧张程度分类。

当然，声音交流的方式在很大程度上取决于动物的生活方式。非群居动物与群居动物的交流方式不同。非洲野狗大约十只生活在一个群体中，必须不断调节社会互动，狩猎前、狩猎中和狩猎后都是如此。他们用来迷惑猎物的叫声是独一无二的，甚至我们在保护区内喂食的时候也能听到这种声音。谁在吃东西？距离多远？谁能加入？谁之后加入？动物调节其社会互动，不断交涉。位于劣势的一方以屈服的姿态发出和解的声音，或舔舐对方的下唇，而另一方以咆哮相威胁。

🔊 **试听**

即使在喂食的过程中，我们也能听到非洲野狗独特的狩猎叫声。

孤独的熊猫 vs 成群的斑马：
哪种生活方式能带来更多好处

一面是孤独的熊猫，一面是群居的非洲野狗：为什么有的动物成群生活，而有的动物独自生活呢？从行为研究的角度来看，这是一种典型的权衡，一种权衡利弊后的折中。我们人类需要与别人相处，然而，许多哺乳动物"选择"独居，但必须能够承受得住这一切。像斑马或羚羊这样的逃跑型动物在群体中能得到更多保护。

对食肉目动物来说，只有达到一定规模，群居才有意义：美洲豹或老虎不依赖于其他大型猫科动物，他们可以独自狩猎。如果食肉目动物生活在一个群体中，他们可以杀死更大的猎物，但必须保证所有成员都能吃饱。有些物种在这方面并不讲究，雄性和雌性的社会体系不尽相同。

举例来说，雄性白鼻浣熊无疑是独居动物，雌性白鼻浣熊则带着幼崽群居，数目至多可达三十只。雌性可以忍受在群体里分享食物。独自保护食物不被更大、更强壮的雄性抢走往往是行不通的，因此对她们来说，分享食物是更好的选择。此外，雌性白鼻浣熊被美洲豹吃掉的概率相较雄性更低，这也是因为雌性群体里有更多动物一起密切关注敌人的动向。然而，雌性白鼻浣熊更容易感染通过动物间直接接触传播的寄生虫。雌性白鼻浣熊比雄性话更多，这也是生活方式导致的。在一个有很多幼崽的群体中，自然有很多"需要讨论"和协调的事情，以便所有动物能够团结在一起。

大象如何表达
"我害怕"

当一个物种在进化过程中朝着某一特定方向发展时，就意味着这种生活方式已被证明是最适应这种生活条件的。交流系统也适应了这些条件。对于群居动物来说，比如大象，保持联系是很重要的。他们的隆隆声听起来也有个体差异，因此可以区别当前是哪种动物在"说话"。

每头大象都有独特的声音，但这一规律不适用于表示压力的声音。在所谓的咆哮（一种非常响亮的怒吼声）中，声音的个体性似乎被压抑了。大象受困时，通常将表示压力的声音和体现个体性的隆隆声结合在一起。"这是紧急情况"的信息是通过咆哮声来传达的——压力的大小也会影响叫声。而附加的隆隆声则表明谁需要帮助，至少目前的理论是这样解读的。因此，咆哮声-隆隆声的组合可能意味着"救命，我"，而隆隆声-咆哮声-隆隆声则意味着"我，救命，我"。

我们的近亲类人猿，特别是黑猩猩，特别擅长把声音结合起来。他们的"喘嘘"（pant-hoot calls）能让对方知道谁和谁在树林里的哪个位置。"喘嘘"是黑猩猩最常见也是被研究得最多的叫声，具有个体差异，他们通过这种声音联系远处的群体成员。

声音分为四个不同的阶段。在初始阶段，黑猩猩先发出轻柔低频的"嘘"（hoot）声，在发展阶段转为更快的"嘘"声，然后升级为高频的尖叫声，最后逐渐消退结束。即使是在茂密的丛林中，人们也能在一公里开外听到这种声音。此外，黑猩猩还会以此标记觅食地点。在表示欢迎时，个体会发出更加安静、不断重复的声音，即所谓的"喘气咕噜声"（pant-grunt），这种声音还与许多手势结合在一起。黑猩猩的手势在人类也会使用手势的情况下发挥了重要的作用，当看到对方或者直面彼此互相交流时。

大白鼻长尾猴 [见 p.89 图片] 也有一种特殊能力：他们会把固定的警告叫声组合成一种新的声音。长尾猴的生活危机四伏，因为敌人无处不在：地上有猎豹和蛇，空中有老鹰。他们最好尽量保持低调，但长尾猴生活在多达百只的群体之中。雄性负责守卫，用强烈的叫声警告同伴，并根据各个进攻方向发出不同的声音。如果肉食猫科动物潜入灌木丛中，雄性会发出相当高昂、紧绷的叫声；当他们注意到一只掠食性鸟类时，就会发出更低沉、短促的叫声。

然而，苏格兰圣安德鲁斯大学的凯特·阿诺德（Kate Arnold）与克劳斯·祖伯布勒（Klaus Zuber-bühler）发现，白鼻长尾猴还有第三种叫声：猎豹警告和老鹰警告的组合，这是一种他们区分捕食者或其他场合中使用的叫声。呼叫声的组合是出发信号，用于更远距离的迁徙，也意味着完全没有敌情。按照阿诺德和祖伯布勒的说法，大白鼻猴创造性地将两个固定的呼叫声组合成为一种新的、更有序的语句。这种新的叫声序列与其组成部分的原始意义——对特定捕食者的警告——关系很小。长尾猴是否因此向语言迈出了一步呢？

呜咽、吠鸣、咒骂：是什么构成了"复杂"的声音系统

动物用声音交流时会交换什么信息？这往往是人们最想问动物的问题。可惜这行不通，于是我们研究人员将其转化为"回放实验"。在南非阿多大象国家

公园对大象做这样的实验时，我们想弄清楚雄性大象从雌性大象的声音中读出了哪些社会信息。

为此，我们首先收集了雌象之间的交流声。雄性总是倾听着周围的雌性。这种"窃听"（eavesdropping）——动物听到那些并不是专门传递给他们的声音——是声学交流中一个非常重要的方面。我们做了大约三十次实验，结果表明，与熟悉的雌性相比，雄性对陌生雌性声音的兴趣明显更高。因此，雄性能根据叫声准确识别这属于已知的（同一种群的）还是未知的雌性，并对外来雌象的叫声表现出明显更高的兴趣。就繁衍而言，这完全合情合理，因为这还关乎避免近亲繁殖的问题。而雌象的情况恰好相反：她们听到陌生雌象的声音时，往往会与幼崽一起撤退。

动物们的"谈话主题"多种多样：接触、社交互动、性接触、表达需求，分享关于觅食地或敌人的信息。就像我们人类一样！但我们仍然无法"理解"动物的语言。我们必须放弃对怪医杜立德（一名能和动物说话的医生）的希望，事实上，用具体的语句来翻译动物的声音似乎是不可能的。信号是一个整体，并且始终处于上下文中。交流是"多模态"（multimodal）的，这意味着它从来不是只通过声音或手势来表达的，它总是多种表达方式的组合。

行为生物学中有一个关于动物说话行为的基本假

设，具体如下：动物行为的社会化程度越高，其交流行为就越复杂。解释真的就这么"简单"吗？我首先开始质疑"复杂"这个定义：什么是"复杂"？复杂性指的是一种动物声音的多样性、变体的可能性，还是指动物模仿的能力？

 🔊 试听

当一群非洲野狗像这段录音一样开始合唱时，我们很难分辨他们各自的声响。

　　2018年，我的一名硕士生在南非的一个动物保护区长时间观察一群非洲野狗。他们的声音多种多样，有些在14000~16000赫兹，几乎在超声波范围内，我们人类很难感知。他们的声音似乎是通过鼻子发出的，没有嘴巴的动作。此外，他们经常一起发出呜咽、吠鸣、嚎叫、吼叫或哼唧声，整个群体发疯似的发出混乱的声音。非洲野狗也有类似狼嚎的群体性叫声，其中一只先开始，然后他们以不同的声音加入合唱。简言之，尝试为这种千差万别的声音行为排序或分类，几乎让人抓狂！也许这是一个重要的提示：应该从整体看待合唱，动物也可能把这种合唱视为集体发出的声音。

　　另一方面，非洲野狗无法模仿声音，至少就目前研究而言是这样。黑猩猩也是如此。虽然这些类人猿有大量的声音曲目和特殊的叫声来指称特定的敌人或食物，但他们不能模仿声音。大象就能做到这一点。这些声音系统哪个更"复杂"？

从我们人类的角度来看，"会说话的"动物似乎格外厉害。由于我们的语言结构确实很复杂，对于有喙或鼻子的动物来说，模仿我们的声音样式当然是一项很伟大的认知成就。因此，模仿人类语言始终被视为模仿的最高水平。然而，善于模仿的鹦鹉、大象或海豹，只有在与人类有密切交流或紧密联系的情况下，才会模仿人类。

一头会说韩语的大象

我在高施克（Koshik）[见 p.155 图片] 身上看到了这种联系在动物模仿语言时的重要性。高施克是一头亚洲象，生活在韩国一个堪比迪士尼乐园的游乐园中。2010 年，他的饲养团队联系到我们，告诉我们他们的大象模仿了几个单词。于是我飞往韩国的爱宝乐园，与一位会说韩语的德国同事一起亲眼见识这头"会说话的大象"。因为如果没有亲耳听到这个单词的真实发音，就很难判断大象的模仿。

有一点立马明确了：高施克的韩语说得比我好。这只雄象通过把鼻子伸进嘴里来调节声音，显然是在以一种产生人类声音的方式塑造口腔内的共振空间。我们发现，高施克有五个单词掌握得比较好，比如代表韩语"你好"的"annyong"。这是一个了不起的发现，因为高施克是当今唯一能以可理解方式模仿单词的活着的哺乳动物。

这头大象是他家乡的明星，每天都要"接待"几批旅游团，并与驯兽师一起表演他的说话节目。这让我的心情很矛盾，因为当地的饲养条件不符合我们欧洲的标准：高施克独自生活了多年，现在和一头雌象生活在一起。但与此同时，他也更愿意亲近人：他亲近驯兽师，也亲近那些乐呵呵的被他吸引的游客。在表演时，他似乎很享受与其密切互动的饲养员的关注，尤其享受获得的奖励。

我们逗留了两个星期，给高施克录制了无数录音。为此，我也付出了代价：动物园食堂每天都为我们提供正宗的，也就是辛辣的韩国菜。我们向以韩语为母语的人播放了高施克的单词，他们证实，这头大象特别擅长模仿元音。但有一件事也变得清楚起来：高施克并不理解这些声音的含义，似乎只是在简单地"鹦鹉学舌"，他发声时并没有把饲养员教给他的"坐下！"指令和指令的预期内容联系在一起。不过，我们的工作还是在学界获得了反响。

高施克这样的案例受到科学界的关注，因为这向我们展示出一切皆有可能。更困难但也更有趣的问题是：动物在自然环境中何时、何地会模仿？他们通常模仿谁？他们会在什么场合使用这种"发声学习"？

鸣禽这样做是为了丰富自己的歌曲曲目，给雌性留下深刻的印象；座头鲸和蓝鲸的目的也完全相同。在这里，性选择似乎是共同点，雌性更喜欢歌声优美的雄性。但并非所有善于模仿声音的动物物种都是如此。因此，这种能力似乎并不是由一个原因造成的：发声学习可能在多个领域具有优势，甚至跨越物种界限。

例如，非洲的叉尾卷尾[见p.157图片]是一种雀形目鸟类，他会模仿狐獴或其他鸟类面对掠食性鸟类、胡狼或鬣狗时的典型警告声。叉尾卷尾共掌握了多达51种动物的警告声，狐獴听到警告声，会扔下爪子里的东西逃跑，叉尾卷尾便可以偷走战利品。不过这个伎俩只有在恰当的时间使用才会奏效，也就是危险真的迫在眉睫时，否则狐獴就会发现自己被骗了。这个骗局是很巧妙，但总有被识破的时候。一旦叉尾卷尾发现自己发出的假警报不再被当回事，他就会改变叫声，更换误导性警告声后的成功概率会更大。

海豚、大象和狼的社交网络

社交需求也可能提高动物的模仿能力。前面提到的来自巴塞尔动物园的雄象卡里麦罗就是一个例子。他试着模仿亚洲象发出的吱吱声，虽然听起来更深沉，但显然是在模仿他"前室友"的声音。这让我们联想到进化上的反馈回路：作为社会动物，我来到了一个说话方式不同的群体中，我想成为其中的一员，所以我试图接近并模仿群体中的成员。如果得到的反馈是积极的，这种行为和社会联结都会被加强。

对我来说，比"一个物种的社会化程度越高，其交流系统就越复杂"这个假说更有趣的问题是，像人类一样生活在社群中的动物是否更擅长发声？联系在互相学习的动物之间有同样的作用，无论是海豚、人类还是鹦鹉，我们都生活在非常灵活的"分群—合群"社群中，在这种社群中的个体会分开一段时间后再见面。大象有亲密的家庭群体，两三个相关的家庭群体组成族群，定期聚会。他们也混杂在更大的社交网中——雌象拥有约100头大象的"熟人圈"，有时会在一起过夜。这些动物应该更容易适应或理解其他动物。对动物中的语言学习者来说，这似乎是一个可能的共同点。

非洲野狗或狼可能都证实了这一理论：他们不太擅长语言学习，生活在一个固定的群体中，而不是"分群—合群"社群中。他们对其他群体的敌意更大，因此不需要与"外界"协调。

幼崽研究：即使是羊羔也能使自己的声音与母亲相协调

新的研究发现表明，许多有关人类独特性的假设都需要被重新考虑。情况远比想象的要复杂得多。

研究动物语言有一定的原则，但这些原则不是一成不变的。研究和发展相辅相成，其结果是产生新的知识。在生物学领域，我们也在不断学习关于动物及其能力的新知识，不断调整我们的假设。

比如，长时间以来，人们一直认为动物要么能够学习发声，要么根本不具备这种能力，其标准是模仿典型物种声音的能力，比如人类的单词。这就产生了一份被普遍视为"声音学习者"的动物物种清单，其中包括鹦鹉、鸣禽、海豹、鲸、海豚和大象，他们都能像人类一样模仿其他物种的声音。

另一方面，其他动物物种似乎并不"掌握"这种学习形式。同时我们也知道，这些动物的发声能力虽然不如"声音学习者"，但他们确实能改变自己的声音以适应外部环境。例如，羔羊的声音与母羊的声音明显很相似，可能是为了更好地被母亲识别出来。小羊羔必须学会这种适应——听到母亲的声音，然后相应地调整自己的声音。

我的研究和思考也让我越来越认识到，发声学习的能力就像许多其他生物学特性一样，应该被理解为是一种连续体：有些动物非常擅长发声，而另一些则不然。但在这两者之间也存在着不同的等级。小鼠在打破这种非黑即白的思维方式中发挥了一定的作用。由于小鼠非常适合作为实验动物，因此得到了充分的研究。研究表明，小鼠具备学习发声的一些神经生物学条件。事实上，小鼠会受到环境的影响，他们甚至会从其他雄性的超声波歌声中学习音调序列，然后唱出自己的"情歌"，尽管不如鸣禽悦耳动听。

这种说法能避免误解：即使是声音学习也只是构成"语言"的众多认知基础之一。重要的是，我们要从不同的角度来看待"动物语言"：是否有遗传倾向？是否有解剖学或生理学条件？或者让我们回到熊猫的例子：何种声音行为对适应原始栖息地是有意义的？在过去的几十年中，这种栖息地发生了怎样的变化？我们必须从整体出发，全面地看待这一点。

生物声学研究推动知识的进步，了解我们人类是如何又为何发展出了独特的语言。为了回答这个问题，我们需要了解对语言发展至关重要的环节。我们可以研究，其中哪些基本成分（比如模仿声音）是我们与动物共享的。关于动物的语言，我们必须从一个在许多维度上区分能力和条件的精细分级系统入手。我们才刚刚开始理解"复杂性"在交流中的真正含义。

Chapter
07
理解动物

**我们对他们说什么？
他们又向我们
传递了什么信息？**

当时，我和小鸡海莉耶塔（Henrietta）四目相对，可能都在怀疑我们能否达成规定的训练目标。在十五分钟内，她需要学会四种行为。海莉耶塔和我参加了一个"训鸡营"（Chicken Camp），或者更准确地说，是"极限训鸡营"（Chicken Camp Extreme），一个动物训练的强化课程。训鸡营在美国早已有之，现在包括奥地利在内的欧洲国家也开设了越来越多的训鸡营。这背后的理念是让人们意识到在训练狗的过程中，尤其是在训练自己的狗的过程中经常会出现的情绪问题。

如果你养狗，你肯定曾因为他不理解某些事情而对他发火，尽管你已经"解释"过好几次了。这些情绪虽然可以理解，但在动物训练中却会适得其反。你对在训练当场才认识的鸡一般不会有这些情绪，因为你对鸡没有任何期望。反过来说，鸡也不会包容你的任何错误！通过鸡的明确反馈，你可以在很短时间内学习如何改善你与动物训练和相处的方式。这是认识到自己"沟通错误"的绝佳机会。

就像动物园里的动物一样，鸡也需要点击训练。我们的第一个任务是挑出红色圆圈，而不是蓝色或绿色的圆圈。每一次"符合预期的"倾向都会受到奖励：从短暂地转向红点，缓缓转身，再到最终走向红点，每一步都会得到谷粒。果然，海莉耶塔一会儿就啄到了红色圆圈。但不幸的是，如果你因动作迟缓或

　　　　　　　　　　Chapter 07 理解动物

注意力不集中而在错误的时间点给予确认，那么鸡就会突然不知道哪种行为是符合预期的了。也就是说，他们不知道现在应该做什么，十分困惑，就像我这个没有经验的驯兽师一样。

一个练习给我留下了格外深刻的印象。每一个想要训练动物的人都应该至少玩一次这个"游戏"。你扮演动物，然后离开房间，其他学员则考虑应该教给你什么行为，比如仰卧并举起双手。你再次进入房间，游戏就开始了。人们不会讲话，只发出点击声。你已经"学习过"点击声是一种积极的确认，但由于不知道什么行为符合预期，你会开始提供各种"行为"。教练若能在适当的时候给予认可，你就能明白他人对你的预期：你应该躺下，仰卧，然后举起手来。如果教练给出的信号不清楚、过迟或时机不对，你会觉得十分沮丧。体验这种沮丧是非常重要的，因为你会因此开始提供各种可能的答案，希望能做对一些事情。或许你还会试着说话，心想可能这就是他们想要我做的吧？但很快，当所有尝试都失败后，你就放弃了。现在你可以理解动物的感受了：一只动物在接收到不清楚的信号，也不能理解人们的意图时，就会失去训练兴趣，不再配合。

海莉耶塔和我在十五分钟之内只学会了两种行为，但我们已经很满意了。训练营持续了三天，我真正的目标是让小鸡学会按命令咯咯叫。当母鸡被养在一个群体中时，她们会不断交流。公鸡在这种情况下也会使用肢体语言。公鸡巡视母鸡群时，那姿势可谓昂首阔步。他们的打鸣声格外有趣，因品种和个体而异。公鸡还会发出特殊的觅食声，特别是当母鸡在附近时。母鸡也有报警的声音、联系的声音、标记领地的声音，以及专门用于母鸡与幼崽沟通的声音。因此，母鸡的声学交流并不像人们想象的那样平平无奇。

设身处地地
为动物思考

海莉耶塔教给我最重要的一件事是，人类必须设身处地为动物思考。不仅驯兽师和饲养员如此，研发并规划实验的科学家更是如此。如果你想知道大象是否能区分数量，让他们"用眼睛"数一数面前有七个还是八个立方体是没有意义的。大象的视力不好，但他们的嗅觉却是世界上其他动物无法比拟的，他们能用嗅觉分辨我们无法用视觉分辨出的数量。

要想了解动物的能力，我们需要用正确的方式提出正确的问题。弗兰斯·德瓦尔（Frans de Waal）是当代最著名的灵长类动物学家和行为学家之一，他写了一本伟大的书，名为《万智有灵：超出想象的动物智慧》（*Are we smart enough to know how smart animals are?*）。书中提出了一个问题：我们人类是否足够聪明，能够了解动物有多聪明？

人们当然可以怀疑自己。最初，人们为了弄清楚大象是否能认出镜子里的自己，即是否有"自我认知"能力，在测试时选择的镜子过小。动物无法从中看到自己的全貌。只有当他们在围栏里看到一个等身且不易碎的镜子，可以触摸、检查并绕到后面查验时，才能完成全部的鉴定——人类在对类人猿做的镜子测试中看到了这一流程。如此，人们才有可能证明大象能够在镜子中认出自己。他们观察自己的嘴和牙齿，用鼻子触摸自身。毫无疑问，大象和许多哺乳动物和鸟类一样，甚至或许和所有动物一样，都有一种自我认知，而我们却没有意识到这一点。

动物"解读"我们，
请求我们的帮助

总有一些奇闻让人吃惊，比如动物精确地向我们"请求帮助"，或是向人类走来，或是游来。众所周知，马知道如何"读取"人类的信号，他们可以从我们的面部表情识别出我们的心境。日本神户大学的研究员做了下述实验：他们把胡萝卜藏在自家牧场外一个马够不到的桶里，然后饲养员来到马的面前。马会有什么表现？事实上，所有马都在积极寻求帮助，试图亲近饲养员并建立眼神交流，有的还会戳戳饲养员。根据饲养员是否看到胡萝卜藏起来，小马的行为甚至会有所不同。如果饲养员没反应的话，小马就明显更执着了——他们显然知道饲养员知道什么。这种行为表明，马类有很强的认知能力[见p.159图片]，可能和马的驯化有关。

即使是野生动物也会向人类求助。在一项类似的研究中，悉尼大学的科学家将食物藏在袋鼠够不到的盒子里。看哪，袋鼠开始在实验负责人和盒子之间聚精会神地看来看去。一些袋鼠不断地在实验负责人膝盖上嗅来嗅去，用爪子戳他，就像宠物会做的那样。科学家们认为，这是袋鼠试图与人类交流的明确证据。

在与我们互动时，动物显然学会了如何"解读"我们。在肯尼亚，大象经常与当地的马赛人发生冲突，要么是大象越过了保护区的边界，要么是马赛人驱赶他们的牧群进入了国家公园。马赛人把大象从他们的定居点或水坑里赶走，让牛饮水，他们有时会用长矛施加暴力，给大象留下严重的伤口。

大象已经学会从声音辨别一个人的年龄、性别和族群，从而推断出自己是否面临危险。在肯尼亚的安博塞利国家公园，来自萨塞克斯大学的行为科学家卡伦·麦康布（Karen McComb）和她的团队为生活在野外的大象家庭播放了142个音频样本。这些声音内

Chapter 07 理解动物

容相同，都在说："看，后面有一群大象！"说话者的年龄和性别各不相同，或是当地的马赛人，或是坎巴人，每个族群都说自己的语言。

结果令人吃惊。大象只有在听到雄性马赛人的声音时才会做出恐惧的反应，因为只有他们才会猎杀大象。不过，尽管马赛人与大象争夺牧场，但他们不会容忍外国猎人进入自己的领地。国际上有组织的偷猎团伙为了象牙而杀死大象，但他们在安博塞利国家公园难以得手。因此，尽管与游牧群体有冲突，大象仍是肯尼亚为数不多的稳定且健康的种群之一。

我们是否被动物
操控？

麦康布教授不仅研究肯尼亚的大象，还研究猫。她是一位伟大的科学家，一直是我的榜样。

她现在也成了我的朋友。在一项非常著名的研究中，她证明了猫咪会有策略地发出呼噜声。她怀疑这种"房间里的老虎"会利用呼噜声影响主人。卡伦和她的团队让宠物主人录下了猫咪在心满意足地吃饱时和饥肠辘辘渴求食物时的呼噜声。科学家们将这些录音播放给50名受试者听，让他们对不同的呼噜声做出评价。

结果表明，受试者能够区分满足的呼噜声和乞食的呼噜声，他们觉得乞食的呼噜声十分急迫，有点儿令人不适。对猫咪声音的分析揭示了这一诡计·乞食时，猫咪会将较高频的喵喵声和较低频的呼噜声混在一起。混入其中的喵喵声是一种抱怨，频率与婴儿的哭泣声接近，而人类显然会本能地对这种声音做出反应。

人类是操纵的受害者吗？事实上，我们的宠物是真正的观察大师。狗清楚地知道人类是否遵从他们的行为。在人类注意力不集中或者不在场时有意识地采取行动（比如趁人们不注意时抢点东西吃），是他们高超智慧的标志。他们会注意到每一个小动作、每一个眼神、每一个仪式，并将这些信息储存起来。我知道，没有哪位狗主人不曾暗中计划安装一个监控摄像头，看看自己不在家时家里发生了什么。人们常常在被子上发现明显的凹陷，尽管他们不让狗上床睡觉。有时，桌布也会神奇地滑落，放在桌上的菜碟一干二净。

比如，我养了两只狗，莉莉和露娜知道如何让我注意到日常作息的不规律。居家办公时，比如在新冠疫情期间，我们通常在傍晚六点左右吃晚饭。晚了一刻钟，她们就会露出责备的眼神，晚了半小时她们就会失去耐心。不过这种眼神只是我的揣测，尽管她们的面部表情和姿势包含了很多信息。我可以用一句"好的，马上就好"安抚她们，但这不会管用太久。如果我过了一会儿还坐在电脑前，莉莉和露娜就会采取特别措施，向我展示她们的需求。露娜开始和我互动。她知道对我大喊大叫不会成功，于是她发明了一种混合方式：向我发出游戏请求，并发出非常轻的、甜美的叫声。莉莉有时候会叼来她的毛绒独角兽玩具，但不是真的为了玩耍，而是为了将我从电脑旁吸引开。只要我一动，两只狗就会转身，冲向厨房的方向，乖乖坐在厨房前。我不允许她们进厨房，有趣的是她们此时接受了这条规矩。对我来说，这种行为与其说是一种操纵，不如说是一种交流。她们通过有针对性的沟通来达到自己的目的。

我家狗对我了如指掌，从我的声音中就能知晓我的意图。当然，狗听不懂我们的语言，他们并不知道"坐下"这个词的真正含义。但当你反复地把这个词和动作结合起来时，他们就学会了坐下。这样，他们就能将这个词与特定的行为、人物、地点或物品联系在一起。不过，如果你把"坐下"这个词放在一个完整的句子里，狗狗很可能就不会听从指令了，因为词的重音会发生很大的变化，在狗狗的耳朵里听起来很不一样。正因如此，发音明显的元音或拉长的嘘声特别适合于命令。

不幸的是，人类并不总是用同样的语调说话，我们的声音自然和心情相适应。如果我们被狗惹恼了，平静的"跟着我"会变成尖厉的"过来"，让狗感到困惑。对我们人类来说，最困难的任务是在声音里克制我们的愤怒和不耐烦，尽可能用同样的语调发

出命令。我们低估了人类每天发出的声音对狗产生的
影响。

"肢体语言"的
秘密力量

撰写博士论文期间，我和丈夫在内罗毕国家公园
的一家大象孤儿院花了几周的时间收集数据。这个孤
儿院接收来自肯尼亚各地的大象幼崽。偷猎者给许多
大象孤儿都留下了创伤性经历。这里的照料十分体
贴，小象们成群生活，直到他们最终足够独立，能够
重新适应自由。我的研究关注幼象的声音，当大象孤
儿院的主管达芙妮·谢德里克（Daphne Sheldrick）
允许我前往时，我简直喜出望外。这是一个记录三到
十五个月大幼象声音的难得机会。我丈夫是一名大象
饲养员，我在美泉宫动物园写硕士论文时认识了他。
与我不同，他当时已经有了很多与大象打交道的实践
经验。

我清楚地记得第一次见到小象群中九个月大的
"女族长"温蒂（Wendi）时的场面。第一天早上，
围栏门开启后，她看到了我，向我跑来，把头撞到
我肚子上，一击即中。我丈夫站在我旁边，她却选择
了我，向我展示自己的权威。那些个子稍大的小象一
眼就意识到我和他们打交道时有些不自信，不像我丈

Chapter 07 理解动物

夫那样已经习惯了和他们直接互动。小象出生时体重约100千克，平均身高1米。等到小象12个月时他们就大多了，和我一样高，体重是我的六倍，大约300千克。

动物"解读"我们，并察觉到任何一丝不自信。他们能从我们的声音、行为、姿势中意识到这一点，我们完全没有意识到的微妙信号对他们来说就已经足够了。可能是一丝犹豫，也可能是某个不确定的动作，都会向动物传递出不自信的信号。更不要忘记大象的敏锐嗅觉，人们早已知道狗狗能够嗅出恐惧的味道。

纳帕夏（Napasha）是一头十五个月大的雄象，个头不小，是个真正的调皮鬼，他总是能精准地注意到我独自一人的时候，并跟我开玩笑吓唬我。他向我跑来，竖起耳朵，然后站在我面前，直直地盯着我看。我们个头差不多，尽管体重不同。他从来没对我丈夫这么做过。当我丈夫和其他护理员在附近时，他也从来不会这样做。纳帕夏一直仔细观察情况，并根据我的行为调整自己的行为。

不过那里也有非常温馨的时刻：我最喜欢的是马迪巴 [见p.161图片]，一头三个月大的小象。我们在一起度过了很多时光，中午他就睡在我的腿上，直到现在我还很喜欢他。他有很多毛，看起来就像一头小长毛象。还有苏涅（Sunyei），她才六个月大，特别大胆，是个自信的小家伙。

大象孤儿院的工作意义非凡。这些象宝宝受到过严重的创伤，失去了母亲和象群，拒绝进食，生病，几乎自暴自弃。但达芙妮·谢德里克成功地用椰奶调制出了一种象宝宝可以接受的奶粉配方，如今，这种配方也应用于动物园，以防哺乳出现问题。24小时陪护的护理员在小家伙们睡觉时用毯子和稻草包住他们，早上也用毯子将小象裹住。如果天气对失去象群保护的小象来说太冷了，他们就会感染肺炎，有时甚至会死亡。而且最重要的是，肺炎只有零例和无数例的区别。

一岁半的时候，这些孤儿会被转移到察沃国家公园，在那里为回归自然做准备。谢德里克的项目已经成功地让150多头大象孤儿回归自然。2019年，温蒂在野外诞下了第二头小象。和第一头小象一样，她带着这头小象回到营地，交给看护人员。虽然这种看法并没有科学依据，但我依旧认为温蒂没有忘记护理员曾经对她的帮助，直到今日，她仍然信任他们，并通过带着刚出生的小象拜访他们证明了这一点。

马迪巴如今已经18岁了，是一头英俊的年轻雄象，在察沃生活得不错。与他和其他大象孤儿告别时，我痛哭流涕。小象们的举动和声音——这也是我论文数据的大部分来源——以及生存的意愿都让我深受感动。我很高兴当时认识的九头幼象孤儿都活了下来，并适应了察沃的生活。这九头大象以意想不到的方式影响着我。

Chapter 07 理解动物

我们必须保持
开放的态度

通过与一个物种的亲密相处，人们学会了"解读"对方——这一点与狗和大象没有什么不同。即使是家人，我们也常常根据他们进门时说"你好"的方式看出他们今天过得是好是坏。接触动物、了解他们的独特性格也是如此。我们"解读"他们，他们也解读我们！

当然，社交互动时我们都会相互影响。交流时的影响是双向的。互动从来都不是单向的，即使在不同物种的个体之间也是如此。我们想要参与这种互动，需要对动物想告诉我们的事情保持开放态度。我们也要反思自己的行为：我们是否有过产生误解的沟通？我们是否发出命令，却用肢体语言传递了相反的信息？要意识到构成我们日常交流、对话和互动的所有细节，是一个漫长而敏感的过程。

还记得2019年和2020年澳大利亚森林火灾的画面吗？那些动物奔跑、爬行或跳跃着冲向消防员的画面？一只考拉[见p.163图片]从水瓶里喝水的镜头给我留下了深刻的印象。他明白人们在帮助他，并允许这种帮助。

动物们彼此交流，也与我们人类交流。他们有意识，有感觉。我认同弗兰斯·德瓦尔的观点。在他看

N

来，如果你否认动物的情感，那么你必须首先证明他们没有情感。然而，目前的科学实践首要关注的是证明动物有感情。这其实是错误的。

如果我们认同动物的感受和我们相似，人类又将如何证明我们对动物的行为是正当的？这会对我们的剥削行为产生什么影响？我们还能以猎杀战利品为借口猎杀动物，把他们关在工厂化的农场里，用轮船花数周时间将其运往其他国家屠杀，把婴儿和母亲分开以便获取足够的牛奶吗？还会因为动物的骨头、鳞片和角是身份与地位的象征，又或者因为相信这些东西可以一振雄风而大肆杀戮吗？

我不得不等待这些问题的答案。但作为一名行为和认知科学家，我正在用每一项研究证明，动物比我们想象的更像我们。这就是为什么行为研究对人与动物的关系如此重要：我们从奇闻中获得了事实，这些事实不能再被轻易忽视。

Chapter
08
这是只适用于
人类的概念吗？

所谓的"独特性"

2020年3月，我收到了一封来自"全球音乐大会"（Worldwide Music Conference）组织团队的邮件。打开邮件一看，我大吃一惊：我被邀请发表主题演讲，在这个首次举办的专业会议上。我对这一殊荣十分惊讶，回答说，虽然我很高兴受到邀请，但我想先弄明白他们究竟是否知道我在做哪个领域的研究。

回复很快就来了：他们当然知道我在研究动物间的交流，研究重点是大象。这正是他们邀请我的原因。他们希望促进艺术家、音乐家、歌手、音乐学研究者、语言学家和生物声学家之间的跨学科交流。

大会讨论的题目还有生物音乐和动物是否懂音乐。有一种假说认为，鸟类和长臂猿的歌声不仅被视为传统意义上的音乐，而且源自许多动物和人类共同拥有的音乐本能。无论音乐为何触动我们，它们似乎根植于潜意识，触及情感的起源。

生物学将歌曲定义为一段重复的、有节奏的声音序列，不管它是由蟋蟀、鸟类还是由鲸产生的。许多动物的歌声也是遵循规则的，就像真正的作曲家一样。举例来说，隐士夜鸫会使用五声音阶，也就是在一个八度内有五个音阶。传统的亚洲音乐就以此为基础。而棕鸫则使用西方音乐中的全音阶，即七步音阶和额外的两个半音步。渐强（声音越来越大）、渐弱（声音越来越小）以及二重唱，都属于鸟类曲目的一部分。

试听

与传统的亚洲音乐类似，隐士夜鸫的演唱
以五声音阶为基础。

有的动物甚至会使用乐器。北澳大利亚的棕榈凤头鹦鹉[见p.165图片]几经寻找，发现了能产生共鸣的空心树干。他将树枝折断作为鼓槌，以吸引雌性。人类和动物在音乐的产生和使用方面有诸多相似之处。

身为生物声学家和生物学家，我起初对这些相似之处并不感到惊讶，毕竟所有高等脊椎动物都有相似的神经系统，生活在同一个有杂音、共振、和谐波的环境中。然而问题在于，动物是否真的拥有音乐创造力？他们的唱歌行为主要具有生物学功能，通常是为了繁衍。在我看来，正是这样的关联促进了动物界的创造力与革新，但人类为什么会有所不同呢？

我认为这样的思考和讨论是非常振奋人心的。然而，只有当我们跨越学科界限与不同学科背景的研究人员交谈，并打破一些定义或术语的界限，同时不贬低它们时，才能够有这样的思考和讨论。长时间以来，很多术语只能作为人类生物学的术语在科学实践中使用，在动物学中则有另设的同义词：动物的朋友是"社会伙伴"，恐惧被称为"应激反应"，语言被称为"交流"。

催产素：激素如何
促进母爱

如今，越来越多的人开始使用长期以来用于描述人类特征的术语，来描述动物的行为。灵长类动物学家珍妮·古道尔在20世纪60年代开始研究黑猩猩的行为时，曾因给自己的实验**客体**起名字而不是编号而受到批评。如今，我很自然地在科学出版物上写下我实验主体的名字，还用人称代词"他"或"她"来代替"它"。把这作为一项成就来提及显得有些傻，但这在所有研究领域中还不是理所当然的事。比如实验室里的实验鼠，依然用数字命名。不过，用数字命名并不总是意味着轻视动物，有时只是出于实际原因，特别当涉及许多实验对象时。

越来越多的研究员欣然接受灵长类动物、大象或狗有感情，也承认家鼠和野鼠有感情。事实上，全世界都在研究动物的情感生活，特别是实验动物的情感生活。这并不是因为如今的研究员比过去更为心思细密，而是因为我们对人类和动物之间的共同生物学基础有了更多的了解。美国著名心理学家和神经科学家约瑟夫·勒杜（Joseph LeDoux）认为，人类和家鼠的脑干非常相似。那么凭什么这些动物就不该有感情呢？美国行为生物学家马克·贝可夫（Marc Bekoff）甚至坚信，动物和人类一样，也能感受到友情、仇恨、欢乐、悲伤和怜悯，当然也能感受到爱。

在我看来，母爱的起源就是一个很好的例子。[见 p.167图片] 我们现在知道，催产素这种激素是产生母爱的原因，母亲分娩和哺乳时会释放这种信使物质。人类如此，牛、猪、老鼠和长颈鹿亦是如此。

母爱被称为感情中最强烈的一种，科学研究很早就开始"解码"这种感情。通过这种方式，人们希望理解母爱这种伟大的情感是如何产生的，以及母亲为何愿意冒着生命危险为孩子做很多事情。

早在1968年，两位美国科学家就发现了母子之间这种牢固的早期联系是如何形成的。他们将刚生下幼崽的家鼠血液注射到年轻无子的同类身上，被注射的家鼠立马开始筑巢，喂食陌生的老鼠宝宝并打扫卫生。11年后，人们终于发现是催产素这种激素引发了这种母性行为。那么，如果我们早就知道催产素会引发老鼠和人类的母性行为，为何我们还我行我素，在畜牧业等行业中假装动物没有这种感觉呢？

共同歌唱：
合唱加强社会联系

全球音乐大会第二天的一场报告让我备受启发。昆士兰大学音乐学院的朱莉·巴兰缇妮（Julie Ballantyne）以"音乐教育"为主题发表了演讲。她还谈到了共同创作音乐（在合唱团唱歌或在乐队演奏）在多大程度上加强了人与人之间的联系。津巴布韦有句谚语："会说话就会唱歌。"但即使是不会说话的人也可以演奏音乐。歌唱和音乐创造了共同体验和共同节奏，催生了一种归属感。

动物的合唱行为与此有着有趣的相似之处，因为在二重唱或合唱中发声或唱歌在进化中意义重大。所有长臂猿都实行一夫一妻制，灵长类动物终身保持一对一的亲密关系。长臂猿的歌声由不同的叫声组成，因种类而异。雌性和雄性的曲目相同。长臂猿的歌声在黎明时分定时响起，研究人员推测，这对长臂猿夫妇想在黎明时搞清楚谁在这个地区说了算，或者说"唱"了算。科学家还发现了另外一件事情：对长臂猿夫妇来说，离开"伴侣"没什么好处，因为协调"新夫妇"的二重唱明显更为困难。他们也因此经常失去自己的领地，让位于合唱更协调的夫妇。

 🔊 试听

一对长臂猿开始了他们的晨间二重唱。

这可能让你大吃一惊：至少在大象研究者中，大象也因合唱团而闻名。在某些情况下，象群的所有成员都在一起大声呼喊，于是就产生了由巨大的隆隆声和小号声构成的巨大声响。这些情况包括交配和生产，也包括一个群体的成员或两个同族的群体分离后再次相遇时的问候。打招呼的场景就像一个仪式，大象们一起发声，靠得很近，用鼻子碰碰彼此，相互嗅嗅，围绕着旋转。这种情况可能会持续几分钟，象群慢慢平静下来，隆隆声虽然越来越轻，完全消散却需要很久。

尽管研究界仍然在讨论这些动物合唱的具体功能，但有件事情是很清楚的：除了划分领地、展示力量和强壮等对外人的影响外，合唱以及二重唱还会在团体内部及情侣间产生影响。它们加强了个体之间的社会联系。在此，我们又一次找到了人类和动物之间的共同点，因为人类的共同演奏也有许多功能：一方面，管弦乐队、合唱团或摇滚乐队自然希望给听众留下深刻印象；另一方面，朱莉·巴兰缇妮在全球音乐大会上已经证实，这也会在音乐团体或合唱团内部创造一种紧密的联系。

"问题小熊"的个性

动物有感情，他们一起唱歌，一起发声。他们也有个性——还是说应该用"个体性"和"个体行为"来形容动物？

事实上，个性的概念在科学上可以用于动物。动物的个性和人类的个性一样都是存在的。有些人更具进攻性，在排队时会用胳膊肘把自己推挤到队首，或者在开车时故意抢在前面；而有些人更体贴，或者说害羞、内敛，事事都会保持一定的距离。动物在行为上也有类似的差异——这是一件好事。我养的狗都有自己的个性，莉莉 [见p.169图片] 的性格尤为独特。她不会像露娜一样跑过来迎接你，反而需要一个得体的亮相：她会缓慢地起身，舒展自己，在听到一声"你好，莉莉"的问候后，悠闲地走过来，安静地接受爱抚。这出场方式真有范儿。

我有幸认识的几头大象都有自己的特点和个性，有的更爱玩些，有的更温和些、更暴躁些或更专横些。不同特征的结合有时决定了象群是否能够应对干旱这种危机。性格强势的大象最容易被认可，因为领导角色通常由最聪明、最有经验的雄象来承担。因此，不同的性格是进化的重要因素：策略越多样，就越可能适应不断变化的环境。

红襟鸟属于仅有三个亚目的雀形目，研究表明，充满攻击性的雄性会飞到新领地以占领它们。然而，好斗的雄性通常不会在繁衍竞争上获胜，因为他们争斗的时间越长，照顾伴侣的时间就越少。因此，他们的后代也就比不那么有攻击性的雄性更少。但他们的攻击性有助于其进入新领地。因此，两个特征对物种存续都很重要。

人们认为，在解决或调解人类与野生动物的冲突时，了解动物的性格也十分重要。因为并不是每头大象都喜欢接近村庄、掠夺农田。这种行为意味着一定程度的冒险精神。郊狼或灰狼亦是如此，他们有的会杀羊，有的就不会。

如果能弄清动物的个性问题，就能开发出有效预防冲突的方法，既适用于郊狼、熊或灰狼，也适用于大象等其他动物。人们可以设法阻止某些郊狼或灰狼杀羊，而不必杀死某个区域内的全部郊狼或灰狼个体。换句话说，更好地了解动物界的性格类型，可以使野生动物管理更有效，更人性化。

那么，现在是否应该重新审视拟人论（将人类特征和需求赋予动物），不再将拟人化视为消极的东西了？在我看来，是的，是时候了。动物有感受，而且不只有痛觉。这方面的科学依据不可否认。

感觉和行为学习是在大脑区域内处理的，这些区域在进化中很早就出现了。在结构相对简单的大脑（比如鱼类的大脑）中，我们可以找到与高度发达的哺乳动物大脑相似的结构。那么，至少所有具有类似大脑结构的生物不仅受到反射的控制，还受到情感的控制，这难道是不可能的吗？

p.122 ● 安吉拉·斯托格、同事丹尼尔·米琴（Daniel Mietchen）与会说话的大象高施克，摄于韩国

p.124 ● 叉尾卷尾是一种雀形目鸟类，乍一看似乎不起眼，但他他总能以模仿艺术智胜卡拉哈里沙漠里的狐獴等猫鼠等动物

p.135 ● 不是只有我们感兴趣如何更好地理解动物，马甚至可以"读懂""读懂"我们的表情

p.140 ● 和马迪巴的合影，他是内罗毕国家公园大象孤儿院里的小象宝宝，当时三个月大

p.142 ● 2020 年澳大利亚的大火对动物的威胁尤为严重。这只考拉获救，并得到了消防员的帮助

p.148 ● 棕榈凤头鹦鹉喜欢用一根折断的树枝当鼓槌

p.150 ● 母爱的产生主要受催产素影响，它绝非人类独有的情感

p.153 ● 小狗莉莉性格独特，她有自己的个性。不是只有我们人类才有个性

p.181 ● 车上 300 千克的低音炮可以播放大象低沉的声音，以观察大象的反应，探索声音的含义

p.181 ● 和同事安乐 · 鲍蒂奇在阿多国家公园做研究

p.187 ● 北美红雀通常会对山雀的警报做出反应，但在嘈杂的环境中不会

p.190 ● 让我们身边的动物，比如飞过我们头顶的乌鸦，成为我们们的老师吧！

Chapter
09
再多多
侧耳倾听

**相互倾听是一种
表示尊重的行为**

我当时就在我最喜欢的地方之一：远离旅游公路的阿多大象国家公园的中央。在哈普洱（Hapoor）水洞和罗伊丹姆（Rooidam）水洞之间的一条天然小径上，我看到疣猪一家在我的车旁觅食，所有家庭成员都发出有趣的咕噜声。疣猪们跪在地上，用鼻子刨地，用咕噜声保持联系。

　　我听得格外清楚，是因为我打开了车外的麦克风，还戴着耳机。不远处，一群扭角林羚正在吃草，我甚至能听到他们把草拽出来的声音。我能听出珍珠鸡的咯咯声，虽然我看不到他们。我身后的灌木丛里还有几只织布鸟在大声鸣叫。我的耳机里播放着由多声部动物乐队演奏并通过电流加强的音乐会。我靠在椅背上，闭上眼，让声音包裹着我，静静地倾听大草原的声音——如果我们没有实验的任务就好了 [见p.171图片]。

太吵了，即使是在
国家公园里

　　我和同事安东·鲍蒂奇 [见p.173图片] 天不亮就在公园里工作了。八点钟左右，周围的噪声就会越来越大。当然，我说的不是疣猪和珍珠鸡的声音。他们并不会干扰我们的实验，因为他们的声音位于不同音域。我说的是一种相对低频的人为噪声，它与大象的隆隆声完全重叠。

我听到三公里外的铁路线上有一辆货车驶过。我听到高速路上的轰鸣声。这条高速路也在差不多三公里外的地方经过公园。我能感受到公园里逐渐增多的游客汽车。此时头顶上空飞过一架客机，涡轮的声音久久不绝于耳。

　　就在我们认为可以继续实验的时候，我又听到了约翰·阿登多夫（John Adendorff）那架塞斯纳飞机引擎的声音。他是阿多国家公园的自然保护经理，28年来一直关心着公园里动物的安全和健康。他开着飞机，执行每周数次的巡查任务，检查公园里是否一切正常，也就是说，是否有未经许可的活动，或者是否有动物受伤，比如在打斗之后。他飞得特别低，向我们打招呼。我被耳机里的音量吓了一大跳。我向他挥手，同时意识到接下来的二三十分钟里一直能听到他那架塞斯纳的声音。

　　二三十分钟的休息时间——是时候思考我们人类对这个公园里动物造成的影响了。我意识到，我们与野生动物共存的很多方面的问题都在阿多国家公园得到了具体体现。我们身处一个自然保护区，但某些情况下却无法找到一个完全隔绝噪声的时刻。

　　作为一名科学家，这让我很烦恼，但这对公园里的动物意味着什么呢？即使是照看动物的公园负责人也会发出噪声，就像我们开车穿过公园去研究地点时一样。我们从录音中得知，引擎发出的声音与大象声音的相关部分频率相似。撇开水坑的恶臭不谈，如果三四十辆车在水坑边，启动、开走、打开空调，这会对动物产生什么影响？显然，大象和其他动物的声学交流都受到了很大的影响。

我在南非时，总会去海边。我喜欢鲸，而在南非的冬季，印度洋海岸有许多座头鲸和南露脊鲸。阿多国家公园被称为"七巨头"之家，正是因为这里有这些巨型生物的存在：除了大象、狮子、犀牛、猎豹和非洲水牛，保护区的"海洋部分"还生活着须鲸和大白鲨。

不过，在观察鲸时，船只靠近鲸的方式有非常明确的规定：一定要顺着鲸游动的方向，保持大约30度的角度，并且在任何时候都必须尊重鲸的行动自由。不能驶入鲸群，也不能把单只鲸和鲸群分开。此外，禁止主动靠近鲸100米内，半径300米内最多可以有两艘船。如果鲸靠近船，必须关闭引擎，或者至少空转。这些规则很重要，因为我们必须意识到，即使我们"只是"想观察他们，也会入侵动物的栖息地，所以应该将干扰保持在最低限度。

而在观察大象、犀牛、长颈鹿等动物时，却没有如此明确的规则。为了拍到最好的照片，旅游车有时会开到一群动物中间，或离他们很近。没有任何指导或规定告诉你，究竟能离象群、斑马群或水牛群多近。在水源旁同时停靠的汽车数量，或者公园里的车流量也没有限制。在南非最大的克鲁格国家公园，我经历过交通堵塞！当猎豹或狮子出现在路边时，我曾目睹警察在国家公园里管理交通。

面对这样的场景，难道现在不应该给陆地哺乳动物多一些距离和安静吗？因此，我们和公园管理员沟通，并通过我们的录音向他们展示汽车噪声如何干扰大象间的交流：大象的隆隆声完全被汽车噪声覆盖了。

阿多大象国家公园是南非第一个设立信息牌提醒游客注意这一问题的国家公园。当观察到大象或其他动物时，至少应该关掉引擎。顺便提一下，这也会给游客带来更好的自然体验。这只是提高人们认识噪声污染和人为噪声影响动物交流的第一步，但也是重要的一步。我们的工作能够为动物的利益申辩。我很高兴我们的研究成果被听取并运用于动物的福祉，即使是一个小小的贡献，就像上述情况一样。

通过声学监测
体贴地保护物种

生物声学是保护自然和物种的重要工具，最重要的是，它不是侵入式工具。我们不需要捕捉动物，麻醉他们，因为这会给动物带来压力。我们只是在倾听他们发出的声音。

我与圣珀尔滕应用科技大学的计算机专家马蒂亚斯·齐佩尔佐尔（Matthias Zeppelzauer）合作，致力于开发大象的声学监测和预警系统。不幸的是，人类与大象的相遇并不总以和平结束。在非洲和亚洲，人类逼近动物的栖息地，甚至直接定居在栖息地内，这也意味着人与动物的相遇在所难免。在国家公园的边界上，有人居住的地方往往有小农户耕作。大象常在夜间离开森林，进入农田，破坏宝贵的庄稼，农民就会因此面临无法养家糊口的问题。

　　农民试图驱赶大象以保护庄稼，这是可以理解的。可悲的是，在这种情况下，双方的死伤事件经常发生：大象杀死人，人杀死大象。据估计，全世界每年约有300人被大象杀死。

　　对栖息地和资源的争夺，以及普遍的贫困状况，反过来又助长了偷猎行为。因此，为了大象和其他许多动物的生存，我们必须实现人类与野生动物的共存。

　　对于我们目前正在研究的大象声学监测和预警系统，我们主要利用低频和远距离的隆隆声，根据情况，这些隆隆声可以在几公里范围内探测到。其理论依据是，我们的系统能够自动检测到大象的声音，并将其识别出来，也就是从所有传入的环境噪声中将其过滤掉，然后标记并指示该地区有大象出没，或者发出警报。在其出现在田野或村庄之前，人们就可以得到警告，并可以尽早采取防御措施，将大象赶走。

类似的系统还可以用于监测大象何时何地使用何种特定路线迁徙，并可以用于估算该地区的动物数量。根据检测到的声音可以估计大象的群体规模和年龄结构。这对亚洲象和非洲森林象特别有帮助，因为他们往往居住在植被茂密的地区，无法通过飞机监测种群、统计种群数量。

大象预警系统的原型已经准备就绪，但缺乏时间和资金：我们需要资金在实地测试该装置，并在地区范围内做出调整。因为预警系统必须可靠，否则经不起时间的考验。

在阿多国家公园，我们面临着另一个问题：南非政府计划在离国家公园仅5公里的地方建一个大型风电场，设置有42台涡轮机，高达150米。风力涡轮机会在次声范围内产生强烈的噪声。这种规模的风力涡轮机产生的次声已被证实可以传播20公里，我们和公园管理部门都担心这会影响动物的交流，甚至可能影响到动物的福祉。

虽然风力发电是化石燃料的一种可持续替代能源，但这在国家公园附近弊大于利。这亟待研究，因为许多动物都能感知到次声。值得一提的是，这不仅适用于南非的动物群体，也适用于奥地利和德国等国家的动物群体，因为这些国家的一些地区也非常依赖风力发电。

噪声和其造成的后果

噪声污染对动物来说在许多方面都是一大问题。噪声会让动物集中注意力、提高心率，具体取决于噪声的种类和强度。噪声也可能会导致动物的行为改变、听力受损、逃跑或被驱逐。噪声会干扰物种个体内部的交流，也会干扰不同物种之间的交流。在嘈杂的环境中，北美红雀[见p.175图片]对山雀的警报声都没有反应。但在安静一些的地区，许多不同种类的鸟类都能听到并利用山雀的警报声。

这种倾听的策略在哺乳动物（甚至大象）、爬行动物和鸣禽中都很常见。无法躲避到安静地区的鸟类在噪声大的情况下发展出一种消耗能量的策略：他们唱歌的声音越来越大。一项研究表明，柏林鸣禽的歌声比周围森林中同类的歌声大14分贝。这会对小鸟的身体造成更大的负担，消耗更多的能量。

街道噪声会引起青蛙压力激素的变化，并会削弱其免疫系统。这些影响也可以解释为什么在受噪声污染的地区，野生鸟类和其他动物的数量往往会减少或完全消失。研究表明，噪声干扰了动物赖以生存的行为模式。

动物的知觉与人类不同。人类不觉得烦人的东西，对动物来说可能是问题，比如噪声的类型、音量和频率范围。在修筑道路、建筑物、风力涡轮机时，在研发汽车和机械时，在钻探、原材料开采、工厂活动中，都需要考虑声学因素。噪声对人类也是有害的。所以，为了大家的福祉，让我们努力减少噪声吧。

从寻找伴侣到定位：交流不息

交流是行为的一个重要组成部分，不仅我们人类如此，动物也是，无论是老鼠还是大象。这也是我希望在本书中展示的。声音信号几乎在生活的每一个领域都发挥着作用：在寻找伴侣和繁衍时，在养育幼崽时，在空间定位时，在狩猎时，在避免被猎杀时，自然也在社交生活的各个领域发挥作用。这既适用于人类，也适用于大多数脊椎动物。

有鉴于此，我们对动物语言的认识之少令人惊讶。不久之前我们还不知道老鼠会试图用歌声吸引雌性，也不知道大象如何发出高频的吱吱声。就在最近，我们"发现"了一种新的长颈鹿叫声，但我们还不知道它的功能，也不了解极度濒危的猎豹在交配时发出的复杂声音有什么作用。

我们人类登上过月球，从火星上获得过声音记录，但我们远未了解地球上生物之间交流所使用声音的声学范围，更不用说"解码动物语言"了。与此同时，我们在制造声音和噪声，却不知道也不考虑这些声音和噪声如何影响或伤害地球上的生物。如果我们想保护我们的生物多样性和物种，我们就需要了解动物在其生活的各个方面需要什么才能生存。我们需要这些知识，这样我们人类才能有针对性地做出限制措施，或者更好地适应。因为我们不能指望动物能无限制地适应我们和我们对他们栖息地的干预。

转换思维的希望

事实上，我们还有希望，因为我们正在慢慢转换思维。就在2021年5月，英国在一项法律修正案中指出，动物会意识到自己的感觉和情绪，能感受到欢乐和享受，也能感受到煎熬和疼痛。此外，法律草案还进一步禁止进口猎物或出口活体动物。新西兰则从2023年起全面禁止用船运输活体农场动物。

作为一名行为科学家，我认为我的责任是，尽快将我的研究成果应用于自然和物种保护之中。这也意味着：我们必须宣传这些发现，让每个孩子都能认识到动物是多么迷人——无论是小蚂蚁还是巨鲸，以及保护他们是多么重要。塞内加尔林业工程师巴巴·迪乌姆（Baba Dioum）在1968年的一次环保大会上为此找到了恰当的表述："最终，我们只会保护我们所爱的，我们只会爱我们所理解的，我们只会理解我们被教授的。"只有意识到这一点,我们才能明白自己的责任有多么重大。

让头顶上飞翔的乌鸦[见p.177图片]成为您的老师吧。他们聚在一起,或者彼此争吵(这甚至更好)。试着破译动物的呼唤—回答的模式,或者分辨个别动物的声音,尽管有时只有音调上的细微差别。你会对动物交流的种类和复杂性感到惊讶。花点时间,专心地穿过森林,坐在花园或公园的草地上,侧耳倾听:你听到了吗?山雀的吱吱叫,大黄蜂的嗡嗡作响?反之亦然:这些动物在倾听我们吗?

我相信终有一天,像动物一样感知世界会改变我们对动物同类的看法。进入动物语言这个迷人的世界,仔细倾听,侧耳倾听,学会理解人类并不是世界上唯一有话要说的生物。

★ 致 谢 ★

我要感谢

一直支持和陪伴我的人，

首先是我的家人，

还有我的学术伙伴、

同事和导师，

我们之间产生了深厚的情谊。

也非常感谢所有为本书提供

声音样本的同事。

Arnold K., Zuberbühler K. 2008: Meaningful call combinations in a non-human primate. Current Biology, 18, 202–203.

Arriaga G., Zhou E.P., Jarvis E.D. 2012: Of mice, birds, and men: the mouse ultrasonic song system has some features similar to humans and song-learning birds. PLoS ONE 7, e46610.

Baotic A., Sicks F., Stöger A.S. 2015: Nocturnal „humming" vocalizations: adding a piece to the puzzle of giraffe vocal communication. BMC Research Notes, 8, 425.

Baotic A, Stöger A.S., Desheng L., Tang C., Charlton B.D. 2013: The vocal repertoire of infant giant pandas (Ailuropoda melanoleuca). Bioacoustics, DOI:10.1080/09524622.2013.798744.

Charlton B.D., Frey R., McKinnon A.J., Fritsch G., Fitch W.T., Reby D. 2013: Koalas use a novel vocal organ to produce unusually low-pitched mating calls. Current Biology, 23, 1035–1036.

Charlton B.D., Martin-Wintle M.S., Owen M.A., Zhang H., Swaisgood R.R. 2018: Vocal behaviour predicts mating success in giant pandas. Royal Society Open Science, 5181323181323.

De Waal F. 2017: Are We Smart Enough to Know How Smart Animals Are? New York: Norton & Company

Filippi P., Congdon J.V., Hoang J., Bowling D.L., Reber S.A., Pašukonis A., Hoeschele M., Ocklenburg S., de Boer B., Sturdy C.B., Newen A., Güntürkun O. 2017: Humans recognize emotional arousal in vocalizations across all classes of terrestrial vertebrates: evidence for acoustic universals, Proceedins of the Royal Society B, 284, 20170990.

Fitch W.T. 2000: The phonetic potential of nonhuman vocal tracts: Comparative cineradiographic observations of vocalizing animals. Phonetica 57, 205–218.

Fitch W.T., de Boer B., Mathur N., Ghazanfar A.A. 2016: Monkey vocal tracts are speech-ready. Science Advances, 2, e1600723.

Geberl C., Brinkløv S., Wiegrebe L., Surlykke A. 2015: Fast sensory-motor reactions in echolocating bats to sudden changes during the final buzz and prey intercept. PNAS, 112, 4122–4127.

Goerlitz H.R. 2018: Akustische Tarnkappen und gespitzte Ohren. Jahrbuch der Max-Planck-Gesellschaft.

Harris M.R., Siefferman L. 2014: Interspecific Competition Influences Fitness Benefits of Assortative Mating for Territorial Aggression in Eastern Bluebirds (Sialia sialis). PloS One, doi. org/10.1371/journal.pone.0088668.

Hauser M.D., Chomsky N., Fitch W.T. 2002: The faculty of language: what is it, who has it, and how did it evolve? Science, 298, 1569–1579.

Heinsohn R., Zdenek C.N., Cunningham R.B., Endler J.A., Langmore N.E. 2017: Tool-assisted rhythmic drumming in palm cockatoos shared key elements of human instrumental music. Science Advances, 3, e1602399.

Hobaiter C., Byrne R.W., Zuberbühler K. 2017: Wild chimpanzees' use of single and combined vocal and gestural signals. Behavioral Ecology and Sociobiology, 71, 96.

Jones G. 2005: Echolocation. Current Biology, 15, 484–488.

Kratochvil H. 1978: Der Bau des Lautapparates vom Knurrenden Gurami (Trichopsis vittatus Cuvier & Valenciennes) (Anabantidae, Belontiidae). Zoomorphologie, 91, 91–99.

Laporte M.N.C., Zuberbühler K. 2010: Vocal greeting behaviour in wild chimpanzee females. Animal Behavior, 80, 467–473.

Lee P.C., Moss C.J. 2012: Wild female African elephants (Loxodonta africana) exhibit personality traits of leadership and social integration. Journal of Comparative Psychology, 126, 224–232.

McComb K., Taylor A.T., Wilson C., Charlton B.D. 2009: The cry embedded within the purr. Current Biology, 19, 507–508.

McElligott A.G., O'Keeffe K.H., Green A.C. 2020: Kangaroos display gazing and gaze alternations during an unsolvable problem task. Biology letters, doi.org/10.1098/rsbl.2020.0607.

Mogil J.S. 2019: Mice are people too: Increasing evidence for cognitive, emotional and social capabilities in laboratory rodents. Canadian Psychology/Psychologie canadienne, 60, 14–20.

Nagasawa M., Murai K., Mogi K., Kikusui T. 2011: Dogs can discriminate human smiling faces from blank expressions. Animal Cognitio, 14, 525–533.

Niimura Y., Matsui A., Touhara K. 2014: Extreme expansion of the olfactory receptor gene repertoire in African elephants and evolutionary dynamics of orthologous gene groups in 13 placental mammals. Genome Research, doi:10.1101/gr.169532.113.

Panksepp K. 2005: Affective consciousness: Core emotional feelings in animals and humans, Consciousness and Cognition, 14, 30–80.

Pasch B., Bolker B.M., Phelps S.M. 2013: Interspecific Dominance Via Vocal Interactions Mediates Altitudinal Zonation in Neotropical Singing Mice. The American Naturalist, 182,

161–173.

Payne K.B., Langbauer W.P., Thomas E.M. 1986: Infrasonic calls
of the Asian elephant (Elephas maximus). Behav Ecol Sociobi-
ol, 18, 297–301.

Pedersen C.A., Ascher J.A., Monroe Y.L., Prange Jr A.J. 1982:
Oxytocin induced maternal behavior in virgin female rats.
Science, 216, 648–650.

Puts D.A., Hill A.K., Bailey D.H., Walker R.S., Rendall D., Wheat-
ley J.R., Welling L.L.M., Dawood K., Cárdenas R., Burriss R.P.,
Jablonski N.G., Shriver M.D., Weiss D., Lameira A.R., Apicella
C.L., Owren M.J., Barelli C., Glenn M.E., Ramos-Fernandez G.
2016: Sexual selection on male vocal fundamental frequency
in humans and other anthropoids. Proceedings of the Royal
Society B, 283, 2015.2830.

Ringhofer M., Yamamoto S. 2017: Domestic horses send signals
to humans when they face with an unsolvable task. Animal
Cognition, 20, 397–405.

Stöger A.S., Baotic A., Heilmann G.: Vocal creativity in ele-
phant sound production (in Vorbereitung).

Stöger A.S., Charlton B.D., Kratochvil H., Fitch W.T. 2011: Vocal
cues indicate level of arousal in infant African elephant roars.
Journal of the Acoustic Society of America, 130, 1700–1710.

Stöger A.S., Baotic A., Desheng L., Charlton B.D. 2012: Acoustic
features indicate arousal in infant giant panda vocalizations.
Ethology, 118, 896–905.

Van Dyke A. 2007: The cheetahs of the Wildt. Second edition.

Wright A. J., Soto N. A., Baldwin A.L., Bateson M., Beale C.,
Clark Ch. W., Deak T., Edwards E., Fernández A., Godinho A.,
Hatch L., Kakuschke A. et al. 2007: Anthropogenic Noise as a

参考文献

Stressor in Animals: A Multidisciplinary Perspective. International Journal of Comparative Psychology, 20, 250–273.

Zarin P.F., Machanda P., Schel A.N., Slocombe K.A. 2013: Pant hoot chorusing and social bonds in male chimpanzees. Animal Behavior, 86, 189–196.

★ 图 片 及 声 音 来 源 ★

音频索引

Anton Baotic: 111, 112

Benjamin Charlton: 31

Drahkrub (CC BY-SA 4.0): 63

Cathrine Hobaiter & Vesta
Eleuteri: 118

Doug Hynes / yeno-canto.
org (CC BY-SA 4.0): 148

Vincent Janik: 60

Helmut Kratochvil: 12

Nicolas Mathevon: 114

Karen McComb: 32

Tina Nagorzanski: 34

Katharina Prager: 115, 118

Angela Stöger: 25, 28, 29, 58,
94

Angela Stöger & Anton
Baotic: 98

Peter Tyack: 10

Klaus Zuberbuehler: 119, 151

图片索引

Adobe Stock: 69 (Robert
Beke)

Anton Baotic: 71

BirdNote: 165 (Christina
Zdenek)

Gianmaria Gava: 73, 169

Getty Images: 67 (The Bos-
ton Globe)

Willfried Gredler-Oxenbau-
er / picturedesk.com: 75

imago images: 87 (Xinhua),
89 (Harald Lange)

iStock: Schutzumschlag, Vor
und Nachsatz

jwvbfotografie: 85

spectrum.de: 157 (Tom
Flower, University of Cam-
bridge)

Angela Stöger: 77, 79, 155, 171

Simon Stöger: 161

Raphael Sühs: 173

Ⅲ N

产品经理：杨子兮
视觉统筹：马仕睿 @typo_d
印制统筹：赵路江
美术编辑：梁全新
版权统筹：李晓苏
营销统筹：好同学

豆瓣 / 微博 / 小红书 / 公众号
搜索「轻读文库」

mail@qingduwenku.com